Stöffler
Substitution von Gefahrstoffen

Gefährliche Stoffe und Verfahren ersetzen
TRGS 600 umsetzen

Stöffler

Substitution von Gefahrstoffen

Gefährliche Stoffe und Verfahren ersetzen
TRGS 600 umsetzen

Bibliografische Information der deutschen Nationalbibliothek
Die deutsche Nationalbibliothek verzeichnet diese Publikation in der
Deutschen Nationalbibliografie; detaillierte bibliografische Daten sind
im Internet über <http://www.dnb.de> abrufbar.

Bei der Herstellung des Werkes haben wir uns zukunftsbewusst für
umweltverträgliche und wiederverwertbare Materialien entschieden.
Der Inhalt ist auf elementar chlorfreies Papier gedruckt.

ISBN: 978-3-609-69181-7

E-Mail: kundenbetreuung@hjr-verlag.de

Telefon +49 89/2183-7928
Telefax +49 89/2183-7620

© 2014 ecomed SICHERHEIT, eine Marke der Verlagsgruppe
Hüthig Jehle Rehm GmbH
Heidelberg, München, Landsberg, Frechen, Hamburg

www.ecomed-storck.de

Dieses Werk, einschließlich aller seiner Teile, ist urheberrechtlich geschützt. Jede Verwertung außerhalb der engen Grenzen des Urheberrechtsgesetzes ist ohne Zustimmung des Verlages unzulässig und strafbar. Dies gilt insbesondere für Vervielfältigungen, Übersetzungen, Mikroverfilmungen und die Einspeicherung und Verarbeitung in elektronischen Systemen.

Satz: Fotosatz Buck, Kumhausen
Druck: Westermann Druck, Zwickau GmbH

Vorwort

Substitution, also der Ersatz oder Austausch von gefährlichen Stoffen, betrifft uns alle. Denken Sie allein an Kunststoffweichmacher in Kinderspielzeug oder an Quecksilber im Amalgam von Zahnfüllungen.

In den Betrieben, in denen mit Gefahrstoffen umgegangen wird, hört man zum Thema Substitution oft Sätze wie

- „Ich weiß gar nicht, wie man so was macht."
- „Das geht bei uns nicht."
- „Das dauert mir zu lang."
- „Ich bin doch kein Chemiker, ich kann das nicht."
- „Das können nicht WIR in der Produktion machen, das müssen die anderen vor uns im Labor machen."

oder auch

- „THF ist jetzt krebsverdächtig – jetzt müssen wir doch substituieren."

Aus diesen vielen Hemmnissen, Irrtümern und Halbwahrheiten wurde die Idee für dieses Buch geboren: eine Einstiegshilfe in das Thema Substitution mit all ihren verschiedenen Aspekten und Ansatzpunkten auszuarbeiten.

Informationen zu den einzelnen Kapiteln finden Sie in der Einleitung.

Warum ein ganzes Buch nur zum Thema Substitution? Substitution ist immer noch die effektivste Schutzmaßnahme von allen Schutzmaßnahmen innerhalb der STOP-Rangfolge (**S**ubstitution, **T**echnische, **O**rganisatorische und **P**ersönliche Schutzmaßnahmen).

Denn: Ein Stoff, der substituiert – also eliminiert oder zumindest reduziert wurde –, verringert auf jeden Fall das Risiko einer Gesundheitsschädigung.

Probieren Sie es aus. Viel Erfolg!

Ich danke meinem Mann Michael für sein Verständnis und seine Geduld (mit mir) in der Zeit des Buchschreibens.

Darmstadt, im November 2014 Birgit Stöffler

Inhalt

Vorwort		5
1.	Einleitung/Anwendungsbereich	11
2.	Definition Substitution	13
3.	Rechtliche Grundlagen und allgemeine Informationen	15
3.1	Gefahrstoffverordnung	15
3.2	REACH-Verordnung	15
3.3	Zusammenhang von Zulassung (REACH) und Substitution (GefStoffV)	17
3.4	TRGS 600 – Substitution	23
3.5	Spaltenmodell der TRGS 600	23
3.5.1	Gefahrenarten des Spaltenmodells	24
3.5.2	Grundsätze bei der Anwendung	30
3.5.3	Gewichtung der einzelnen Spalten	35
3.5.4	Vorteile des Spaltenmodells	37
3.5.5	Nachteile des Spaltenmodells	38
3.5.6	Anwendung des Spaltenmodells bei fehlenden Daten	38
3.5.7	Übungen zum Spaltenmodell	42
3.6	Wirkfaktoren-Modell der TRGS 600	43
3.6.1	Wirkfaktoren	45
3.6.2	Vorteile des Wirkfaktoren-Modells	47
3.6.3	Nachteile des Wirkfaktoren-Modells	53
3.6.4	Anwendung des Wirkfaktoren-Modells bei fehlenden Daten	54
3.6.5	Wirkfaktoren – Stoffbeispiele	55
3.7	TRGS 6XX – stoffspezifische TRGS	59
4.	Grundlagen der Substitution	61
4.1	Substitution – Substitutionsprüfung	61
4.2	Prüfung vor Aufnahme der Tätigkeit	62
4.3	Prüfung am Beginn der Produktentwicklung	62
4.4	Prüfung je nach Menge	62
4.5	Dokumentation	63
4.6	Beteiligung von Fachleuten	73
4.7	Aufwand zu Beginn	74
4.8	Höhere Kosten	75
4.9	Reduzierung von Schutzmaßnahmen	76
4.10	Überschreitung von Arbeitsplatzgrenzwerten	79
4.11	Arzneimittel/Pharmawirkstoffe/Medikamente	80
4.12	Inhaltsstoffe mit spezifischen Wirkungen	81
4.13	Funktion/Verwendungszweck: Einsatzstoff oder Lösemittel	83
4.14	Technische Eignung/Substitution technisch möglich	84
4.15	Forschungsbereiche	85

Inhalt

4.16	Analytikstandards	85
4.17	Einhaltung von Arbeitsplatzgrenzwerten	86
4.18	Geringe Gefährdung – keine Substitution	88
4.19	Besondere Anforderungen bei $CMR_{(F)}$-Gefahrstoffen	91
4.19.1	CMR – Kategorien und Begriffe	91
4.19.2	$CMR_{(F)}$: Mitteilung an Behörde	95
4.19.3	$CMR_{(F)}$: Quellenangabe bei fehlenden Substitutionsmöglichkeiten	96
4.19.4	$CMR_{(F)}$: Begründung bei Substitutionsverzicht	96
4.20	Substitutionspflicht	97
4.20.1	$CMR_{(F)}$- und sehr giftige bzw. giftige Gefahrstoffe	97
4.20.2	Krebserzeugende Gefahrstoffe	98
4.21	Schutzmaßnahmen – wenn Substitution nicht möglich ist	100
4.21.1	STOP-/TOP-Rangfolge der Schutzmaßnahmen	101
4.21.2	Willensabhängigkeit	103
4.22	Übungen	104

5. Kriterien zur Gefahrenabschätzung — 107

5.1	Leitkriterien der TRGS 600	107
5.2	Gesundheitsgefahren – akute und chronische	109
5.2.1	Piktogramm „Ätzwirkung"	110
5.2.2	Piktogramm „Gesundheitsgefahr"	111
5.3	Umweltgefahren	112
5.4	Brand- und Explosionsgefahren	112
5.4.1	Flammpunkthöhe	112
5.4.2	Flammpunkt in Verbindung mit Anwendungstemperatur	112
5.5	Gefahren durch das Freisetzungsverhalten	117
5.5.1	Aggregatzustand	117
5.5.2	Siedepunkt	118
5.5.3	Dampfdruck	118
5.5.4	Gefährdungszahl bei Flüssigkeiten	120
5.5.5	Staubungsverhalten bei Feststoffen	126
5.5.6	Staubklasse gemäß DIN EN 15051	129
5.5.7	Emissionsfaktoren von Feststoffformen	130
5.5.8	Korngröße und Explosionsgefahr	131
5.6	Gefahren durch das Verfahren	133
5.6.1	Offen – geschlossen	133
5.6.2	Höhere Anwendungstemperatur – Raumtemperatur	140
5.6.3	Verfahren unter Druck – druckloses Verfahren	142
5.6.4	Gas – Flüssigkeit – Paste	143
5.6.5	Aerosole – aerosolfreie Verfahren	143
5.6.6	Lösemittelhaltige Verfahren – wässrige Verfahren	145

6. Substitution – Beispiele — 147

6.1	Verwendungszweck: Methanol – Ethanol	147
6.2	Trichlorethylen ersetzen durch Caprylsäuremethylester	148

Inhalt

6.3	Labor	152
6.4	Desinfektionsmittel	157
6.5	Formaldehyd: Kennzeichnung als krebserzeugend	159
6.6	TRGS 610 – Stark lösemittelhaltige Vorstriche und Klebstoffe	162
6.7	TRGS 617 – Stark lösemittelhaltige Oberflächenbehandlungsmittel	164
6.8	Substitution mit chemisch ähnlichen Verbindungen	167
6.8.1	N-Methylpyrrolidon (NMP) – N-Ethylpyrrolidon (NEP)	167
6.8.2	Tetrahydrofuran – 2-Methyltetrahydrofuran – Cyclopentylmethylether	169

7. Informationsbeschaffung im Internet ... 177
7.1 Internetrecherche ... 177
7.2 Internetportal SUBSPORT ... 177
7.3 Weitere Internetportale ... 178
7.4 Weitere Internetlinks ... 179

8. Anhänge ... 181
Lösungen der Übungsaufgaben ... 181
Abkürzungsverzeichnis ... 183
Literaturverzeichnis ... 184
Stichwortverzeichnis ... 189

1. Einleitung/Anwendungsbereich

Substitution ist der „Königsweg im Gefahrstoffarbeitsschutz (...), der für viele in Vergessenheit geraten ist." [Fachartikel Gefahrstoffe in KMU] Dieses Zitat aus einem 2013 erschienenen Fachartikel verdeutlicht gleichzeitig die Wichtigkeit und die Problematik des Themas Substitution.

Substitution ist die effektivste Schutzmaßnahme, hat aber den Ruf, aufwendig und kompliziert zu sein. Die Folge ist, dass die Substitution in der betrieblichen Praxis oft nicht realisiert wird. Die Regelungen in der Gefahrstoffverordnung und in den Technischen Regeln für Gefahrstoffe zum Thema Substitution scheinen nicht wirklich zu greifen bzw. nicht wirklich angenommen zu werden.

Substitution ist zu Beginn immer mit Aufwand und Mühen verbunden. Aber der Aufwand kann sich lohnen – wenn der Erfolg auch oft erst mittel- bis langfristig erkennbar wird. Denn Substitution, z.B. durch Stoffe mit geringerer gesundheitlicher Gefährdung, führt oft zur Reduzierung oder gar zum Wegfall kostenintensiver Schutzmaßnahmen, weil aufgrund der geringeren Gefährdung nur noch weniger aufwendige Schutzmaßnahmen erforderlich sind.

Einen Aktualitätsschub gewinnt das Thema Substitution durch die REACH-Verordnung. Denn auch die REACH-Verordnung beschreibt im Rahmen des Produktschutzes Anforderungen an eine Substitution im Zusammenhang mit dem Begriff „Zulassung".

Dieses Buch beginnt mit den rechtlichen Grundlagen zum Thema Substitution in Bezugnahme auf die Gefahrstoffverordnung, die REACH-Verordnung und die Technischen Regeln für Gefahrstoffe zur Substitution.

Die zahlreichen Zitate aus Rechtsvorschriften vermitteln die Anforderungen des Gesetzgebers im Originaltext. Die Wortlaute werden inhaltlich unverändert wiedergegeben. Um die Aufmerksamkeit auf die Kernaussage im Text zu lenken, sind sie jedoch zusätzlich mit Fett- oder Farbmarkierung sowie in wenigen Fällen auch mit Gliederungen optisch aufbereitet.

Zitate aus BG-Schriften und weiteren Quellen zeigen, wie diese Anforderungen in der betrieblichen Praxis umgesetzt werden können.

Die Substitution von Stoffen oder Verfahren ist ein sehr komplexer Prozess. Welche Aspekte bei einer Substitution zu beachten sind, wird im Abschnitt ➜ *Grundlagen der Substitution* näher beschrieben.

1. Einleitung/Anwendungsbereich

Da es bei der Substitution immer um die Reduzierung der Gefährdung geht, behandelt das anschließende Kapitel die ➔ *Kriterien zur Gefahrenabschätzung*.

Zum Schluss konkretisieren und veranschaulichen viele Fallbeispiele aus verschiedenen Anwendungsbereichen Möglichkeiten der Substitution.

Ziel des Buches ist es, die Prinzipien der Substitution verständlich zu machen und ihre Machbarkeit aufzuzeigen. Denn: Der Königsweg – also die Substitution – lohnt sich.

2. Definition Substitution

Der Rechtsbegriff „Substitution" ist in der Gefahrstoffverordnung wie folgt definiert:

> **§ 7 Grundpflichten**
>
> (3) (Der Arbeitgeber) hat **Gefahrstoffe** oder **Verfahren** durch Stoffe, Zubereitungen oder Erzeugnisse oder Verfahren **zu ersetzen,** die unter den jeweiligen Verwendungsbedingungen für die **Gesundheit und Sicherheit der Beschäftigten nicht oder weniger gefährlich** sind.

GefStoffV

Auch im Begriffsglossar zur Gefahrstoffverordnung findet sich eine Definition des Begriffs:

> **Substitution** bezeichnet den **Ersatz eines Gefahrstoffes**, eines biologischen Arbeitsstoffes oder eines **Verfahrens** durch einen Arbeitsstoff oder ein Verfahren mit einer insgesamt **geringeren Gefährdung** für den Beschäftigten.

Glossar GefStoffV

Anlage 4 der TRGS 600 „Substitution" unterscheidet zwischen **drei** Typen von Substitution:

> **Anlage 4 Vorgehensweise bei der Erarbeitung von Substitutionsempfehlungen für Gefahrstoffe, Tätigkeiten oder Verfahren**
>
> **1 Analyse der Substitutionsaufgabe**
>
> Es gibt **drei unterschiedliche Typen** von Substitution.
>
> **1.1 Ersatz**
>
> Im **einfachsten** Fall erfolgt **Substitution als 1:1 Ersatz** eines bereits verwendeten Stoffes durch einen anderen nicht oder weniger gefährlichen Stoff oder durch ein bekanntes Verfahren, in dem nicht oder weniger gefährliche Stoffe eingesetzt werden. (…)
>
> **1.2 Anpassung**
>
> Im zweiten Fall ist ein **1:1 Ersatz nicht möglich,** es liegen aber bereits Referenzprozesse und Anwendungsverfahren für die Substitutionslösung aus einzelnen Betrieben der Branche oder übertragbare Lösungen aus anderen Branchen vor. (…) Oft sind **Anpassungsentwicklungen** notwendig, um Referenzprozesse

TRGS 600

2. Definition Substitution

> erfolgreich auf die Mehrzahl der betroffenen Betriebe der Branche übertragen zu können. (…)
>
> **1.3 Forschung und Entwicklung**
>
> Der **schwierigste Fall** ergibt sich dann, wenn überhaupt **keine Substitutionslösungen oder entsprechende Verfahren** vorhanden sind. Dann sind mehr oder weniger grundlegende aufwendige **Forschungs- und Entwicklungsarbeiten** auf chemischem und technischem Gebiet **notwendig**. (…)

Substitution ist aber nicht nur einfach der Einsatz eines Stoffes oder eines Verfahrens mit einer geringeren Gefährdung, auch wenn das oft als der Idealfall angesehen wird. Die Auswahl von **technischen und organisatorischen Maßnahmen** spielt bei der Substitution eine besondere Rolle und findet sich in der folgenden Definition der Substitution wieder [Fachartikel Förderung der Substitution]:

„Substitution ist der Ersatz oder die Verminderung von gefährlichen Stoffen in Produkten und Prozessen durch weniger gefährliche oder nicht-gefährliche Stoffe, **oder durch das Erreichen einer vergleichbaren Wirkung durch technische oder organisatorische Maßnahmen**."

Merksatz 1: Substitution – bei Eliminierung 100 %iger Schutz

> ➢ Substitution hat den Vorteil, dass bei **Eliminierung** des Stoffes definitiv ein **100 %iger Schutz** vor diesem Stoff erreicht wurde.
> ➢ **Realistischer** ist aber in den meisten Fällen, dass durch die Substitution zumindest eine **Reduzierung** der **Gefahrenstufe** erreicht werden kann und dadurch u.a. kostenaufwendige **Schutzmaßnahmen** wie Atemschutz **eingespart** oder reduziert werden können.

3. Rechtliche Grundlagen und allgemeine Informationen

3.1 Gefahrstoffverordnung

Die Substitution wird in der Gefahrstoffverordnung an mehreren Stellen genannt, z.b. im Rahmen der Gefährdungsbeurteilung:

> **§ 6 Informationsermittlung und Gefährdungsbeurteilung**
>
> (1) Im Rahmen einer **Gefährdungsbeurteilung** (…) hat der Arbeitgeber festzustellen, ob die Beschäftigten Tätigkeiten mit Gefahrstoffen ausüben oder ob bei Tätigkeiten Gefahrstoffe entstehen oder freigesetzt werden können. Ist dies der Fall, so hat er alle hiervon ausgehenden **Gefährdungen** der Gesundheit und Sicherheit der Beschäftigten unter folgenden Gesichtspunkten zu **beurteilen**: (…)
>
> 4. **Möglichkeiten** einer **Substitution**,

Wichtig an dieser Stelle ist, dass hier von einer „**Beurteilung**" der „**Möglichkeiten** einer Substitution" die Rede ist **und nicht** von einer „Substitutions**pflicht**".

Laut Gefahrstoffverordnung zählt die Substitution zu den **Grundpflichten** im Arbeitsschutz. Sie steht in der STOP-Rangfolge der Schutzmaßnahmen an **erster** Stelle. In der Gefahrstoffverordnung wird diese Stellung durch das Wort „**vorrangig**" verdeutlicht:

> **§ 7 Grundpflichten**
>
> (3) Der Arbeitgeber hat auf der Grundlage des Ergebnisses der **Substitutionsprüfung** nach § 6 Absatz 1 Satz 2 Nummer 4 **vorrangig** eine **Substitution** durchzuführen.

3.2 REACH-Verordnung

Auch die REACH-Verordnung sieht vor, mithilfe der sogenannten „**Zulassung**" besonders **gefährliche** durch weniger gefährliche Stoffe zu **ersetzen**. Insofern ist die Zulassung ein neues Element in der europäischen Chemikalienpolitik, weil sie **letztlich** auf die **Substitution** dieser besonders gefährlichen Stoffe **abzielt**. [Fachartikel Stoffzulassung nach REACH]

3. Rechtliche Grundlagen und allgemeine Informationen

Der für die Zulassung relevante Anhang ist **Anhang XIV** der REACH-Verordnung „Verzeichnis der zulassungspflichtigen Stoffe". Wird ein Stoff in diesem Verzeichnis gelistet, so muss nach einer gewissen Übergangsfrist für jede Verwendung dieses Stoffs eine **Zulassung beantragt** werden.

Besonders gefährliche Stoffe werden in der REACH-Verordnung als „**besonders besorgniserregende** Stoffe" bezeichnet.

Die **Eigenschaften** dieser „besonders besorgniserregenden Stoffe" (**SVHC, s**ubstances of **v**ery **h**igh **c**oncern) sind in Artikel 57 der REACH-Verordnung definiert: Die SVHC-Stoffe beinhalten u.a. auch krebserzeugende, erbgutverändernde und fortpflanzungsgefährdende Stoffe (kurz: **CMR-Stoffe**).

REACH-Verordnung

Artikel 57 In Anhang XIV aufzunehmende Stoffe

Folgende Stoffe können nach dem Verfahren des Artikels 58 in Anhang XIV aufgenommen werden:

a) Stoffe, die die Kriterien für die Einstufung in die Gefahrenklasse **Karzinogenität** der Kategorie 1A oder 1B gemäß Anhang I Abschnitt 3.6 der Verordnung (EG) Nr. 1272/2008 erfüllen;

b) Stoffe, die die Kriterien für die Einstufung in die Gefahrenklasse **Keimzellmutagenität** der Kategorie 1A oder 1B gemäß Anhang I Abschnitt 3.5 der Verordnung (EG) Nr. 1272/2008 erfüllen;

c) Stoffe, die wegen Beeinträchtigung der Sexualfunktion und Fruchtbarkeit sowie der Entwicklung die Kriterien für die Einstufung in die Gefahrenklasse **Reproduktionstoxizität** der Kategorie 1A oder 1B gemäß Anhang I Abschnitt 3.7 der Verordnung (EG) Nr. 1272/2008 erfüllen;

d) Stoffe, die (…) **persistent, bioakkumulierbar und toxisch** sind;

e) Stoffe, die (…) **sehr persistent und sehr bioakkumulierbar** sind;

f) Stoffe – wie etwa solche mit **endokrinen** Eigenschaften oder solche mit **persistenten, bioakkumulierbaren** und **toxischen** Eigenschaften oder **sehr persistenten und sehr bioakkumulierbaren** Eigenschaften (…), – die nach wissenschaftlichen Erkenntnissen wahrscheinlich **schwerwiegende Wirkungen** auf die menschliche Gesundheit oder auf die Umwelt haben, die **ebenso besorgniserregend** sind wie diejenigen anderer in den Buchstaben a bis e aufgeführter Stoffe, und die im Einzelfall gemäß dem Verfahren des Artikels 59 ermittelt werden.

3. Rechtliche Grundlagen und allgemeine Informationen

Die in der REACH-Verordnung genannten Stoffe kann man auch einer der Eigenschaften zuordnen, die in Tabelle 1 zusammen mit den oft verwendeten Abkürzungen aufgeführt sind:

Tabelle 1: Eigenschaften der sogenannten besonders besorgniserregenden Stoffe (SVHC) nach Artikel 57 der REACH-Verordnung

Abkürzung	Eigenschaft
CMR	krebserzeugend, erbgutverändernd, fortpflanzungsgefährdend der Kategorien 1A oder 1B
PBT	persistent, bioakkumulierbar und toxisch
vPvB	sehr persistent und sehr bioakkumulierbar

Merksatz 2: Substitution von SVHC-Stoffen

> Substitution betrifft **nicht** nur die sogenannten SVHC-Stoffe, aber **insbesondere** Stoffe mit besonders kritischen Eigenschaften, wie z.B. CMR, PBT oder vPvB.

3.3 Zusammenhang von Zulassung (REACH) und Substitution (GefStoffV)

In der TRGS 600 wird erklärt, dass trotz **Zulassung** nach REACH eine **Substitutionsprüfung** nach Gefahrstoffverordnung erforderlich ist:

> **5.1 Kriterien für die technische Eignung**
>
> (3) Die **Zulassung** unter REACH **ersetzt nicht** die betriebliche **Substitutionsprüfung** nach **GefStoffV** für Tätigkeiten mit Gefahrstoffen.

Gemeinsamkeiten gibt es aber bzgl. des Ablaufs: Im Rahmen des Zulassungsantrags müssen die Unternehmen eine Art „**Substitutionsprüfung**" durchführen und eindeutig belegen, dass **geeignete Ersatzstoffe oder -technologien nicht zur Verfügung** stehen. Nur in diesen Fällen kann eine Zulassung erteilt werden. [Fachartikel Stoffzulassung nach REACH]

Wie hängt nun die Substitution als vorrangige Schutzmaßnahme aus der Gefahrstoffverordnung mit der Zulassung von gefährlichen Stoffen nach der REACH-Verordnung zusammen. Oder anders formuliert:

3. Rechtliche Grundlagen und allgemeine Informationen

Wo geht der „richtige" Weg hin? Richtung
- „Substitution" nach GefStoffV oder
- „Zulassung" nach REACH?

Betrachten wir zur Wegfindung mal ein paar Details bzgl. der Zulassung:

a. Zeitaufwand
b. Kosten/Gebühren
c. Mengengrenzen
d. Zeitbegrenzung
e. Verwendungsbedingungen
f. Informationspflichten
g. Voraussetzung für Erteilung

a. Zulassung nach REACH: Zeitaufwand von mehreren Jahren

Der **zeitliche Aufwand** für eine Zulassung sollte nicht unterschätzt werden: Er liegt schnell bei **mehreren Jahren**. Allein für die Erstellung des **Zulassungsdossiers** können **12 bis 24 Monate** veranschlagt werden. [Fachartikel Zulassungsverfahren nach REACH]

2014		
Jan.	Feb.	März
April	Mai	Juni
Juli	Aug.	Sept.
Okt.	Nov.	Dez.

b. Zulassung nach REACH: Kosten/Gebühren

Eine Zulassung ist mit **erheblichen Kosten** für die Gebühren verbunden.

Für die Bearbeitung der Zulassungsanfrage muss der ECHA, die zuständige Behörde für die Zulassung, eine **Gebühr** bezahlt werden. Nach der Gebührenverordnung fallen eine **Grundgebühr** von **50.000 €** sowie eine **Zusatzgebühr** von **10.000 € pro Stoff und Verwendung** an. [Fachartikel Zulassungsverfahren nach REACH]

Jetzt hoffen natürlich viele klein- und mittelständische Unternehmen („KMUs"), dass es für sie „**Ermäßigungen**" gibt.

Die gibt es – aber: Bei einem **hohen** Endbetrag hilft das leider auch nicht weiter. „**Gebühren** für die Zulassung summieren sich daher schnell auf einen **sechsstelligen Betrag**, auch wenn klein- und mittelständische Unternehmen von Ermäßigungen profitieren können." [Fachartikel Zulassungsverfahren nach REACH]

3. Rechtliche Grundlagen und allgemeine Informationen

Merksatz 3: Kostenersparnis durch Substitution

Wer **jetzt schon** z.B. seine krebserzeugenden Gefahrstoffe der Kategorien 1A oder 1B substituieren kann,
- **erspart** sich die hohen **Kosten** für das **Zulassungsverfahren**, wenn diese Gefahrstoffe in Anhang XIV der REACH-Verordnung aufgenommen werden,
- kommt der sowieso jetzt schon geltenden Forderung einer **Substitutionsprüfung** gemäß Gefahrstoffverordnung nach.

c. Zulassung nach REACH: keine Mengengrenzen

Im Arbeitsschutz gibt es oft für **„geringe"** Mengen (z.B. nur „g"- oder nur „ml"-Bereich) **Erleichterungen bei den Schutzmaßnahmen**.

Das ist bei der **Zulassung** nach REACH aber leider nicht der Fall: Es gibt im Gegensatz zum Registrierungsverfahren **keine Mengengrenzen**, unterhalb derer keine Zulassung notwendig wäre. [Fachartikel Zulassungsverfahren nach REACH]

d. Zulassung nach REACH: Zeitbegrenzung

Die erteilte Zulassung ist **zeitlich befristet**. Dies bedeutet, dass z.B. nach **sieben** Jahren die Zulassung **erneut überprüft** wird.

e. Zulassung nach REACH: je nach Verwendung

Eine Zulassung ist **nicht** auf einen **Stoff** mit all seinen verschiedenen Verwendungsmöglichkeiten **bezogen**, sondern auf **eine** oder **mehrere Verwendungsbedingungen** dieses Stoffs.

Das heißt: Wenn ein Stoff in einem **anderen Prozess** oder bei einer **anderen Tätigkeit** eingesetzt werden soll, ist eine **weitere** Zulassung **notwendig** – sofern noch keine Zulassung vorliegt. Zugelassene Stoffe dürfen also nur unter den Bedingungen verwendet werden, die in der Zulassungsentscheidung genannt sind. [Fachartikel Zulassungsverfahren nach REACH]

f. Zulassung nach REACH: Informationspflichten

Bevor ein Stoff in Anhang XIV der REACH-Verordnung gelistet wird, ist er ein sogenannter **Kandidatstoff**, der auf der **Kandidatenliste**

3. Rechtliche Grundlagen und allgemeine Informationen

steht. Bereits die Aufnahme eines Stoffes in die Kandidatenliste ist mit weitergehenden **Informationspflichten** im Sicherheitsdatenblatt verbunden:

- Hersteller und Lieferanten von Stoffen müssen ihren Kunden ein aktualisiertes **Sicherheitsdatenblatt** liefern, in dem darauf hingewiesen wird, dass der Stoff in der Kandidatenliste erscheint.
- Hersteller und Lieferanten von **Gemischen** müssen ihren Kunden auf Verlangen ein **Sicherheitsdatenblatt** auch für ein als nicht gefährlich eingestuftes Gemisch liefern, wenn das Gemisch einen **Stoff aus der Kandidatenliste enthält**, dessen **Konzentration 0,1 Gew.-%** (bzw. 0,2 Vol.-% für gasförmige Gemische) oder mehr beträgt.
- Jeder Lieferant eines Erzeugnisses muss seine **gewerblichen Kunden** informieren, sofern das Erzeugnis einen **Stoff aus der Kandidatenliste** in einer **Konzentration über 0,1 %** enthält.
- Auch **Konsumenten** haben auf Anfrage ein **Recht auf diese Information innerhalb von 45 Tagen**. [Fachartikel Zulassungsverfahren nach REACH]

Wer jetzt meint, noch keinen Handlungsbedarf zu haben, weil z.B. der eigene krebserzeugende Stoff (noch) nicht in die Kandidatenliste aufgenommen wurde, denkt zu kurzfristig, denn:

Im Rahmen der sogenannten „**SVHC-Roadmap**" sollen **bis 2020 ALLE** besonders besorgniserregenden Stoffe auf die Kandidatenliste gesetzt werden. [Fachartikel Stoffzulassung nach REACH]

Merksatz 4: Substitutionsprüfung bei SVHC – insbesondere bei CMR-Stoffen

1. Die Substitutionsprüfung sollte z.B. bei CMR-Stoffen mit den Stoffen beginnen, die bereits als zulassungspflichtige Stoffe in **Anhang XIV der REACH-Verordnung** aufgenommen wurden.
2. Als nächstes sind die CMR-Stoffe zu bearbeiten, die bereits auf der **Kandidatenliste** stehen.
3. Als dritte Priorität sollten die CMR-Stoffe bearbeitet werden, die noch nicht auf der Kandidatenliste stehen. Bis 2020 werden noch **viele weitere CMR-Stoffe** auf der Kandidatenliste erscheinen.

3. Rechtliche Grundlagen und allgemeine Informationen

Praxistipp 1: Link zur Kandidatenliste

> Die Kandidatenliste finden Sie im Internet unter
> www.reach-clp-biozid-helpdesk.de:
>
> Startseite → REACH → Kandidatenliste der SVHC-Stoffe

g. Zulassung nach REACH: Voraussetzung für Erteilung

Der Erhalt einer Zulassung ist an viele Bedingungen geknüpft: Eine davon ist der Nachweis, dass **Risiken für Mensch oder Umwelt ausreichend beherrscht** werden.

Es stellt sich hier die Frage, wann denn Risiken ausreichend beherrscht werden – und wann nicht?

Bei Stoffen mit Grenzwert kann davon ausgegangen werden, dass **Risiken ausreichend beherrscht** werden, wenn der **Grenzwert eingehalten** wird.

Viele Stoffe haben aber (noch) **keinen** Grenzwert: Was dann? Dann bleibt die **Verwendung** unter den sogenannten „**streng kontrollierten Bedingungen**" – also z.B. in „**geschlossenen Systemen**" wie Vakuumapparaturen, Gloveboxen etc. [Fachartikel Stoffzulassung nach REACH]

Tabelle 2 fasst alle betrachteten Punkte in Bezug auf die Zulassung nochmals zusammen:

Tabelle 2: Aspekte der Zulassung

Aspekt	Anmerkung
a. Zeitaufwand	**hoch:** ca. 12 – 24 Monate
b. Kosten/Gebühren	**hoch:** Grundgebühr: 50.000 €, Zusatzgebühr: 10.000 € pro Stoff und Verwendung
c. Mengengrenzen	**keine** Mengengrenzen, unterhalb derer KEINE Zulassung notwendig ist
d. Zeitbegrenzung	Standardzeitraum: sieben Jahre; Abweichungen sind möglich
e. Verwendungsbedingungen	Zulassung **nur** bezogen auf **bestimmte** Verwendungsbedingungen

3. Rechtliche Grundlagen und allgemeine Informationen

Tabelle 2: *(Fortsetzung)*

Aspekt	Anmerkung
f. Informationspflichten	z.B. bzgl. Sicherheitsdatenblatt bei Stoffen aus Kandidatenliste
g. Voraussetzung für Erteilung	Erteilung einer Zulassung **nur**, wenn die **Risiken** ausreichend **beherrscht** werden

Welcher Weg ist nun der „**richtige**"?

- Oft dürfte es sinnvoller sein, **gleich** den Weg in Richtung Substitution einzuschlagen.
- Eine **Zulassung** nach REACH führt häufig in **Sackgassen** (siehe die obige Tabelle) bzw. läuft in vielen Fällen – nach einigen Umwegen – **doch** auf eine Substitution hinaus.

Aufgrund des **enormen Aufwands** für eine **Zulassung** und damit verbunden der Bindung von finanziellen, personellen und zeitlichen Ressourcen sollte diese, sofern irgend möglich, **vermieden** werden.

Die Zulassung unter REACH löst also eine **Dynamik** in Richtung Substitution aus und wird als Anreiz zur Substitution gesehen. [Fachartikel Förderung der Substitution]

Eine **Substitution** nach Gefahrstoffverordnung hat dabei noch den Vorteil, dass diese vergleichsweise „**unbürokratisch**" und mit **weniger Aufwand** durchgeführt werden kann. [Fachartikel Zulassungsverfahren nach REACH]

Merksatz 5: Zulassung

> Eine **Zulassung** nach REACH ist sehr **aufwendig** und **kostenintensiv**.
>
> Die **Substitution** eines „besonders besorgniserregenden Stoffes" ist natürlich auch mit Aufwand und Kosten verbunden.
>
> Aber: Wenn es gelingt, einen Stoff einzusetzen, der nicht zu den „besonders besorgniserregenden" Stoffen zählt, ist der **Aufwand** – langfristig gesehen – **erheblich geringer**.

3.4 TRGS 600 – Substitution

Die TRGS 600 „Substitution" ist die sogenannte **Grundlagen-TRGS** zum Thema Ersatzstoffe und Ersatzverfahren, die die Vorgaben aus der Gefahrstoffverordnung **konkretisiert**.

Die **100 %ige Substitution** – also die **Vermeidung der Tätigkeiten** mit Gefahrstoffen – wäre die **beste** Schutzmaßnahme, ist aber leider in der betrieblichen Praxis nicht immer realisierbar.

Substitution bezieht sich **nicht nur** auf den Ersatz von **Gefahrstoffen**, sondern auch auf den Ersatz von **Verfahren**, wie in der TRGS 600 ausgeführt ist:

> **1 Anwendungsbereich**
> (…) Diese TRGS soll den Arbeitgeber unterstützen
> 1. **Tätigkeiten** mit Gefahrstoffen zu **vermeiden**,
> 2. **Gefahrstoffe** durch Stoffe, Zubereitungen oder **Verfahren** zu **ersetzen**, die unter den jeweiligen Verwendungsbedingungen für die Gesundheit **nicht oder weniger gefährlich** sind oder
> 3. gefährliche **Verfahren** durch weniger gefährliche **Verfahren** zu **ersetzen**.

3.5 Spaltenmodell der TRGS 600

Die TRGS 600 gibt konkrete Hilfen für die Substitutionsprüfung und -entscheidung.

Eine davon ist das sogenannte „Spaltenmodell", mit dem das **Gefährdungspotenzial** verschiedener **Gefahrstoffe miteinander verglichen** werden kann.

Dabei wird in den folgenden **fünf** Gefahrenarten, gelistet in **Spalten**, eine **Bewertung** des zu ersetzenden Gefahrstoffs im Vergleich mit einem möglichen Ersatzstoff durchgeführt:

1. akute und chronische Gesundheitsgefahren,
2. Umweltgefahren,
3. Brand- und Explosionsgefahren,
4. Gefahren durch das Freisetzungsverhalten und
5. Gefahren durch das Verfahren.

3. Rechtliche Grundlagen und allgemeine Informationen

Ein **einfaches** Beispiel: Für die Bewertung der Gefahrenhöhe bei Gesundheitsgefahren wird ein **reizender** Stoff mit einem **krebserzeugenden** Stoff verglichen.

Krebserzeugende Stoffe sind mit

- deutlich **höheren** Gefahren und
- **umfangreicheren** Schutzmaßnahmen

verbunden als reizende Stoffe. [Fachartikel Arzneimittel]

Schwieriger zu beurteilen sind aber schon die folgenden Vergleiche: Wie gefährlich ist ein

- **krebserzeugender** Stoff im Vergleich zu einem **fortpflanzungsgefährdenden** Stoff?
- akut **giftiger** Stoff im Vergleich zu einem **ätzenden** Stoff?

Antworten finden sich in den Tabellen 3 bis 8 zum Spaltenmodell.

3.5.1 Gefahrenarten des Spaltenmodells

Das Spaltenmodell der TRGS 600 enthält bisher nur die **R-Sätze** nach dem **alten** Einstufungs- und Kennzeichnungssystem der **Stoffrichtlinie** für die Gesundheits-, Umwelt- sowie Brand- und Explosionsgefahren. Eine **Umstellung** auf das Kennzeichnungssystem der **CLP-Verordnung** ist **noch nicht** erfolgt.

Aus diesem Grund bietet das Institut für Arbeitsschutz (IFA) der Deutschen Gesetzlichen Unfallversicherung ein Spaltenmodell an, das die **Kennzeichnung mit den H-Sätzen** nach CLP-Verordnung abbildet.

Die beiden Modelle arbeiten mit unterschiedlichen Begrifflichkeiten:

- In der TRGS 600 wird im Spaltenmodell der Begriff „**Gefährdung**" verwandt.
- Im IFA-Spaltenmodell [IFA-GHS] wird dagegen von „**Gefahr**" gesprochen, die wie folgt definiert wird: Die den Gefahrstoffen innewohnenden Gefahren müssen erst **wirksam werden** (z.B. durch Exposition, Brand, Explosion), **bevor** sie **relevante Gefährdungen** (**Risiko**) sein können.

Bei der Substitutionsprüfung werden **zuerst** die **Gefahren**, die von den Gefahrstoffen ausgehen, beurteilt: Dann wird bewertet, ob aufgrund der **Tätigkeit** die **Gefährdung** durch den Ersatzstoff **reduziert** werden kann:

3. Rechtliche Grundlagen und allgemeine Informationen

Merksatz 6: Gefahr – Gefährdung im Zusammenhang mit Substitution

> Eine **Gefährdung besteht**, wenn Beschäftigte **räumlich und zeitlich** mit einer **Gefahrenquelle (Gefahrstoff) zusammentreffen** können.
>
> Eine Substitution ist nach dem Ergebnis der Gefährdungsbeurteilung durchzuführen, wenn sie die **Gefährdung** der Beschäftigten **verringern** kann. [IFA-GHS]

Die folgenden Tabellen enthalten die Angaben aus dem IFA-Spaltenmodell:

Tabelle 3: Akute Gesundheitsgefahren je nach H-Satz, Quelle: [IFA-GHS], redaktionell um die Gefahrenpiktogramme ergänzt

Gefahr	Akute Gesundheitsgefahren (einmalige Einwirkung, z.B. Chemieunfall)
sehr hoch	• Akut toxische Stoffe/Gemische, Kategorien 1 und 2 (**H300, H310, H330**) • Stoffe/Gemische, die bei Berührung mit Säure sehr giftige Gase bilden können (**EUH032**)
hoch	• Akut toxische Stoffe/Gemische, Kategorie 3 (**H301, H311, H331**) • Stoffe/Gemische, die bei Kontakt mit den Augen giftig sind (**EUH070**) • Stoffe/Gemische, die bei Berührung mit Wasser oder Säure giftige Gase bilden können (**EUH029, EUH031**) • Stoffe/Gemische mit spezifischer Zielorgan-Toxizität bei einmaliger Exposition, Kategorie 1: Organschädigung (**H370**) • Hautsensibilisierende Stoffe/Gemische (**H317**, Sh) • Atemwegssensibilisierende Stoffe/Gemische (**H334**, Sa) • Hautätzende Stoffe/Gemische, Kat. 1A (**H314**)
mittel	• Akut toxische Stoffe/Gemische, Kategorie 4 (**H302, H312, H332**) • Stoffe/Gemische mit spezifischer Zielorgan-Toxizität bei einmaliger Exposition, Kategorie 2: Mögliche Organschädigung (**H371**) • Hautätzende Stoffe/Gemische, Kat. 1B, 1C (**H314**, pH ≥ 11,5, pH ≤ 2) • Augenschädigende Stoffe/Gemische (**H318**) • Stoffe/Gemische, die ätzend auf die Atemwege wirken (**EUH071**) • Nichttoxische Gase, die durch Luftverdrängung zu **Erstickung** führen können (z.B. **Stickstoff**)

3. Rechtliche Grundlagen und allgemeine Informationen

Tabelle 3: *(Fortsetzung)*

Gefahr	Akute Gesundheitsgefahren (einmalige Einwirkung, z.B. Chemieunfall)
gering	• Hautreizende Stoffe/Gemische (**H315**) • Augenreizende Stoffe/Gemische (**H319**) • Hautschädigung bei Feuchtarbeit • Stoffe/Gemische mit Aspirationsgefahr (**H304**) • Hautschädigende Stoffe/Gemische (**EUH066**) • Stoffe/Gemische mit spezifischer Zielorgan-Toxizität bei einmaliger Exposition, Kategorie 3: Atemwegsreizung (**H335**) • Stoffe/Gemische mit spezifischer Zielorgan-Toxizität bei einmaliger Exposition, Kategorie 3: Schläfrigkeit, Benommenheit (**H336**)
vernach-lässigbar	• Erfahrungsgemäß unbedenkliche Stoffe (z.B. Wasser, Zucker, Paraffin u.a.)

Tabelle 4: Chronische Gesundheitsgefahren je nach H-Satz, Quelle: [IFA-GHS], redaktionell um die Gefahrenpiktogramme ergänzt

Gefahr	Chronische Gesundheitsgefahren (wiederholte Einwirkung)
sehr hoch	• Karzinogene Stoffe/Gemische, Kategorien 1A oder 1B (**H350, H350i**) • Krebserzeugende Tätigkeiten oder Verfahren nach TRGS 906 • Keimzellmutagene Stoffe/Gemische, Kategorien 1A oder 1B (**H340**)
hoch	• Reproduktionstoxische Stoffe/Gemische, Kategorien 1A oder 1B (**H360, H360F, H360D, H360FD, H360Fd, H360Df**) • Karzinogene Stoffe/Gemische, Kategorie 2 (**H351**) • Keimzellmutagene Stoffe/Gemische, Kategorie 2 (**H341**) • Stoffe/Gemische mit spezifischer Zielorgan-Toxizität bei wiederholter Exposition, Kategorie 1: Organschädigung (**H372**)
mittel	• Reproduktionstoxische Stoffe/Gemische, Kategorie 2 (**H361, H361f, H361d, H361fd**) • Stoffe/Gemische mit spezifischer Zielorgan-Toxizität bei wiederholter Exposition, Kategorie 2: Mögliche Organschädigung (**H373**) • Stoffe/Gemische, die Säuglinge über die Muttermilch schädigen können (**H362**)
gering	• Auf sonstige Weise chronisch schädigende Stoffe (**kein H-Satz**, aber trotzdem Gefahrstoff!)
vernach-lässigbar	• Erfahrungsgemäß unbedenkliche Stoffe (z.B. Wasser, Zucker, Paraffin u.a.)

3. Rechtliche Grundlagen und allgemeine Informationen

Tabelle 5: Umweltgefahren je nach H-Satz, Quelle: [IFA-GHS], redaktionell um die Gefahrenpiktogramme ergänzt

Gefahr	Umweltgefahren
sehr hoch	• Akut gewässergefährdende Stoffe/Gemische, Kategorie 1 (**H400**) • Chronisch gewässergefährdende Stoffe/Gemische, Kategorie 1 (**H410**) • Stoffe/Gemische der Wassergefährdungsklasse **WGK 3***⁾ • PBT-Stoffe • vPvB-Stoffe
hoch	• Chronisch gewässergefährdende Stoffe/Gemische, Kategorie 2 (**H411**) • Stoffe, die die Ozonschicht schädigen (**H420**)
mittel	• Chronisch gewässergefährdende Stoffe/Gemische, Kategorie 3 (**H412**) • Stoffe/Gemische der Wassergefährdungsklasse **WGK 2***⁾
gering	• Chronisch gewässergefährdende Stoffe/Gemische, Kategorie 4 (**H413**) • Stoffe/Gemische der Wassergefährdungsklasse **WGK 1***⁾
vernachlässigbar	• Nicht wassergefährdende Stoffe Gemische (**nwg***⁾)

*⁾ Die Wassergefährdungsklasse wird nur bei den Stoffen/Gemischen als Bewertungskriterium herangezogen, die (noch) nicht bezüglich der umweltgefährlichen Eigenschaften eingestuft sind.

Tabelle 6: Brand- und Explosionsgefahren je nach H-Satz, Quelle: [IFA-GHS], redaktionell um die Gefahrenpiktogramme ergänzt

Gefahr	Brand- und Explosionsgefahren*⁾
sehr hoch	• Instabile explosive Stoffe/Gemische (**H200**) • Explosive Stoffe/Gemische/Erzeugnisse, Unterklassen 1.1 (**H201**), 1.2 (**H202**), 1.3 (**H203**), 1.4 (**H204**), 1.5 (**H205**) und 1.6 (ohne H-Satz) • Entzündbare Gase, Kategorie 1 (**H220**) und Kategorie 2 (**H221**) • Entzündbare Flüssigkeiten, Kategorie 1 (**H224**) • Selbstzersetzliche Stoffe/Gemische und Organische Peroxide: Typen A (**H240**) und B (**H241**) • Pyrophore Flüssigkeiten oder Feststoffe, Kategorie 1 (**H250**) • Stoffe/Gemische, die mit Wasser entzündbare Gase entwickeln, Kategorie 1 (**H260**) • Oxidierende Flüssigkeiten oder Feststoffe, Kategorie 1 (**H271**)

3. Rechtliche Grundlagen und allgemeine Informationen

Tabelle 6: *(Fortsetzung)*

Gefahr	Brand- und Explosionsgefahren*⁾
hoch	• Entzündbare Aerosole, Kategorie 1 (**H222**) • Entzündbare Flüssigkeiten, Kategorie 2 (**H225**) • Entzündbare Feststoffe, Kategorie 1 (**H228**) • Selbstzersetzliche Stoffe/Gemische, Typen C und D (**H242**) • Organische Peroxide, Typen C und D (**H242**) • Selbsterhitzungsfähige Stoffe/Gemische, Kategorie 1 (**H251**) • Stoffe/Gemische, die mit Wasser entzündbare Gase entwickeln, Kategorie 2 (**H261**) • Oxidierende Gase, Kategorie 1 (**H270**) • Oxidierende Flüssigkeiten oder Feststoffe, Kategorie 2 (**H272**) • Stoffe/Gemische mit bestimmten Eigenschaften (**EUH001, EUH006, EUH014, EUH018, EUH019, EUH044**)
mittel	• Entzündbare Aerosole, Kategorie 2 (**H223**) • Entzündbare Flüssigkeiten, Kategorie 3 (**H226**) • Entzündbare Feststoffe, Kategorie 2 (**H228**) • Selbstzersetzliche Stoffe/Gemische, Typen E und F (**H242**) • Organische Peroxide, Typen E und F (**H242**) • Selbsterhitzungsfähige Stoffe/Gemische, Kategorie 2 (**H252**) • Stoffe/Gemische, die mit Wasser entzündbare Gase entwickeln, Kategorie 3 (**H261**) • Oxidierende Flüssigkeiten oder Feststoffe, Kategorie 3 (**H272**) • Gase unter Druck (**H280, H281**) • Stoffe/Gemische, die gegenüber Metallen korrosiv sind (**H290**)
gering	• Schwer entzündbare Stoffe/Gemische (Flammpunkt > 60 bis 100 °C, **kein H-Satz**) • Selbstzersetzliche Stoffe/Gemische, Typ G (**kein H-Satz**) • Organische Peroxide, Typ G (F)
vernachlässigbar	• Unbrennbare oder nur sehr schwer entzündliche Stoffe/Gemische (bei Flüssigkeiten: Flammpunkt > 100 °C) (**kein H-Satz**)

*⁾ Explosionsfähige Stäube sind aufgrund ihrer spezifischen Problematik im Einzelfall fachkundig zu prüfen und daher keiner Gefahrenstufe zugeordnet.

3. Rechtliche Grundlagen und allgemeine Informationen

Tabelle 7: Freisetzungsverhalten, Quelle: [IFA-GHS]

Gefahr	Freisetzungsverhalten
sehr hoch	• Gase • Flüssigkeiten mit einem Dampfdruck > 250 hPa (mbar) • Staubende Feststoffe • Aerosole
hoch	• Flüssigkeiten mit einem Dampfdruck 50 bis 250 hPa (mbar) (z.B. Methanol)
mittel	• Flüssigkeiten mit einem Dampfdruck 10 bis 50 hPa (mbar) mit Ausnahme von Wasser (z.B. Toluol)
gering	• Flüssigkeiten mit einem Dampfdruck 2 bis 10 hPa (mbar) (z.B. Xylol)
vernachlässigbar	• Flüssigkeiten mit einem Dampfdruck < 2 hPa (mbar) (z.B. Glykol) • Nichtstaubende Feststoffe

Tabelle 8: Verfahren, Quelle: [IFA-GHS]

Gefahr	Verfahren
sehr hoch	• Offene Verarbeitung • Möglichkeit des direkten Hautkontaktes • Großflächige Anwendung • Verfahrensindex 4 nach TRGS 500 (offene Bauart bzw. teilweise offene Bauart, natürliche Lüftung)
hoch	• Verfahrensindex 2 nach TRGS 500 (teilweise offene Bauart, bestimmungsgomäßes Öffnen mit einfacher Absaugung, offen mit einfacher Absaugung)
mittel	• Geschlossene Verarbeitung mit Expositionsmöglichkeiten z.B. beim Abfüllen, bei der Probenahme oder bei der Reinigung • Verfahrensindex 1 nach TRGS 500 (geschlossene Bauart, Dichtheit nicht gewährleistet, teilweise offene Bauart mit wirksamer Absaugung)
gering	• Verfahrensindex 0,5 nach TRGS 500 (geschlossene Bauart, Dichtheit gewährleistet, teilweise geschlossene Bauart mit integrierter Absaugung, teilweise offene Bauart mit hochwirksamer Absaugung)
vernachlässigbar	• Verfahrensindex 0,25 nach TRGS 500

Die folgende **Übungsaufgabe** verdeutlicht nochmals das Prinzip der Substitution anhand der Gesundheitsgefahren.

3. Rechtliche Grundlagen und allgemeine Informationen

Übungsaufgabe 1: Substitution bezogen auf Stoffe

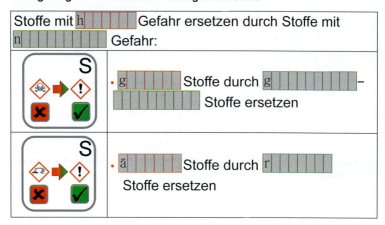

3.5.2 Grundsätze bei der Anwendung

Bei der Anwendung des Spaltenmodells müssen ein paar **Grundsätze** beachtet werden, die in Anlage 2 der TRGS 600 ausgeführt sind.

Anlage 2 Vergleichende Bewertung der gesundheitlichen und sicherheitstechnischen Gefährdungen (Spalten- und Wirkfaktorenmodell)

1 Das Spaltenmodell

(2) Eine vergleichende Bewertung eines Produktes und einer potenziellen Ersatzlösung*⁾ wird jeweils **getrennt** für beide Lösungen*⁾ durchgeführt **in den fünf Spalten**:

1. akute und chronische Gesundheitsgefahren (die Spalten „akute Gesundheitsgefahren" und „chronische Gesundheitsgefahren" als eine Spalte),
2. Umweltgefahren,
3. Brand- und Explosionsgefahren,
4. Gefahren durch das Freisetzungsverhalten und
5. Gefahren durch das Verfahren.

(...)

1. Vergleichende Bewertungen dürfen immer nur **innerhalb einer Spalte** und **keinesfalls innerhalb einer Zeile** vorgenommen werden.

*⁾ Mit „Ersatzlösung" bzw. „beide Lösungen" sind hier keine Lösungen im chemischen Sinn gemeint, sondern der Ersatzstoff mit eventuell geringerer Gefährdung bzw. der Gefahrstoff und der Ersatzstoff.

3. Rechtliche Grundlagen und allgemeine Informationen

Zur Erklärung: Eine vergleichende **Bewertung**
- „getrennt in den fünf Spalten" bzw.
- „**nur innerhalb** einer **Spalte** und **nicht** innerhalb einer **Zeile**"

bedeutet Folgendes:

- ☑ **Erlaubt** ist nur der Vergleich innerhalb einer **Spalte**: Es darf z.B. nur die **Gesundheitsgefahr** eines Stoffes mit der **Gesundheitsgefahr** eines anderen Stoffes verglichen werden.
  Man könnte auch sagen: Man darf **nur** „Äpfel mit Äpfeln" vergleichen.

- ☒ **Nicht erlaubt** ist der Vergleich innerhalb einer **Zeile**: Es darf z.B. **nicht** die **Umweltgefahr** eines Stoffes mit dem **Freisetzungsverhalten** eines anderen Stoffes verglichen werden.
  Man könnte auch sagen: Man darf **nicht** „Äpfel mit Birnen" vergleichen.

Anhand des Vergleichs der Stoffe Benzol und Toluol in Tabelle 9 und Abbildung 1 soll diese Vorgehensweise nochmals verdeutlicht werden.

Tabelle 9: Stoffeigenschaften von Benzol und Toluol, Quellen: [C&L-Datenbank] und [GESTIS-Stoffdatenbank]

	Eingesetzter Stoff	Möglicher Ersatzstoff
Name	Benzol	Toluol
CAS-Nr.	71-43-2	108-88-3
H-Sätze	H225; H350; H340; H372; H304; H319; H315	H225; H361d; H304; H373; H315; H336
Piktogramme	🔥 ☢ ❗	🔥 ☢ ❗
WGK	3	2
Dampfdruck	100 hPa (20 °C)	29 hPa (20 °C)

3. Rechtliche Grundlagen und allgemeine Informationen

Eingesetzter Stoff: Benzol, möglicher Ersatzstoff: Toluol				
Gefahr	akute und chronische Gesundheit	Umwelt	Brand und Explosion	Freisetzungsverhalten
sehr hoch	Benzol: H350; H340*)	Benzol: WGK 3		
hoch		Toluol: WGK 2	Benzol + Toluol: H225	Benzol: 100 hPa
mittel	Toluol: H361d; H373*)			Toluol: 29 hPa
gering				
Gefahrenstufe	**Reduzierung**	**Reduzierung**	unverändert	**Reduzierung**

*) **Ausschlaggebend** ist jeweils die **höchste** Gefahrenstufe.

➡ **grün** umrandeter Blockpfeil: **Reduzierung** der Gefahrenstufe

Abbildung 1: Benzol und Ersatzstoff Toluol: Bewertung nach Spaltenmodell

Praxistipp 2: HÖCHSTE Gefahrenstufe bei mehreren zutreffenden Gefahrenstufen innerhalb einer Spalte

In der TRGS 600 und im IFA-GHS-Spaltenmodell finden sich **keine** Aussagen darüber, wie vorzugehen ist, wenn innerhalb **einer** Spalte **mehrere** H-Sätze vorliegen, die zu **unterschiedlich hohen Gefahrenstufen** führen würden.

Hier hilft folgender Hinweis aus dem „EMKG – Einfaches Maßnahmenkonzept Gefahrstoffe" weiter: Bei der Zuordnung der Stufe ist die **höchste** aus den R- (bzw. H-)Sätzen resultierende Stufe zu notieren. [EMKG]

Weitere **Grundsätze** bei der Bewertung mithilfe des Spaltenmodells sind:

3. Rechtliche Grundlagen und allgemeine Informationen

> **Anlage 2 Vergleichende Bewertung der gesundheitlichen und sicherheitstechnischen Gefährdungen (Spalten- und Wirkfaktorenmodell)**
>
> **1 Das Spaltenmodell**
>
> (…)
>
> 5. Schneidet die potenzielle Ersatzlösung **in allen fünf Spalten besser ab** als das verwendete Produkt oder Verfahren, ist die Höhe der Gefährdung **eindeutig** geklärt.
> 6. Ein **Unterschied** von **einer** Gefährdungsstufe kann mitunter beim Vorliegen entgegenstehender Gründe dazu führen, dass der **Ersatzstoff nicht eingesetzt** wird.
> 7. Liegen **Unterschiede** von **zwei oder mehr** Gefährdungsstufen vor, müssen **wichtige Gründe vorliegen**, den Ersatzstoff **nicht** einzusetzen.
> 8. Der **Regelfall** wird jedoch sein, dass das potenzielle Ersatzprodukt in **einigen Spalten besser**, aber auch in **einer** oder **zwei** Spalten **schlechte**r abschneidet. (…)

TRGS 600

Das Beispiel „Ersatz von Benzol durch Toluol" aus Abbildung 1 zeigt, dass der Ersatzstoff Toluol in

- **drei Spalten besser** abschneidet. → Die **Gefahrenstufe** in diesen Spalten wurde **reduziert**.
- **einer Spalte „gleich"** abschneidet. → Die **Gefahrenstufe** in dieser Spalte wurde **nicht verändert**.

Bei den **Gesundheitsgefahren** ergibt sich sogar eine **Reduzierung** um **zwei** Gefahrenstufen: von sehr hoch auf mittel.

Die **Entscheidung für** die Substitution von Benzol durch Toluol ist in diesem Fall **leicht** zu treffen, da sich in **keiner** Spalte eine **Erhöhung** der Gefahr ergibt.

Nun gibt es aber auch Beispiele mit dem Ergebnis, dass das potenzielle Ersatzprodukt in **einer oder zwei Spalten schlechter** abschneidet – sich also eine **Erhöhung** der Gefahrenstufe ergibt.

Ein solches Beispiel ist der Ersatz von Tetrahydrofuran durch Methyl-tert-butylether, das in Tabelle 10 und Abbildung 2 aufgezeigt wird.

3. Rechtliche Grundlagen und allgemeine Informationen

Tabelle 10: Stoffeigenschaften von Tetrahydrofuran und Methyl-tert-butylether, Quellen: [C&L-Datenbank] und [GESTIS-Stoffdatenbank]

	Eingesetzter Stoff	Möglicher Ersatzstoff
Name	Tetrahydrofuran	Methyl-tert-butylether
Abkürzung	THF	MTBE
CAS-Nr.	109-99-9	1634-04-4
H-Sätze	H225; H351; H319; H335; EUH019	H225; H315
Piktogramme	 🔥 ❗ ☣	 🔥 ❗
WGK	1	1
Dampfdruck	173 hPa (20 °C)	270 hPa (20 °C)

Eingesetzter Stoff: Tetrahydrofuran (THF)
Möglicher Ersatzstoff: Methyl-tert-butylether (MTBE)

Gefahr	akute und chronische Gesundheit	Umwelt	Brand und Explosion	Freisetzungsverhalten
sehr hoch				MTBE: 270 hPa ⬆
hoch	THF: H351*⁾ ⬇		THF + MTBE: H225	THF: 173 hPa
mittel				
gering	MTBE: H315*⁾		THF + MTBE: WGK 1	
Gefahrenstufe	**Reduzierung**	unverändert	unverändert	**Erhöhung**

*⁾ **Ausschlaggebend** ist jeweils die **höchste** Gefahrenstufe.

➡ **grün** umrandeter Blockpfeil: **Reduzierung** der Gefahrenstufe

➡ **rot** umrandeter Blockpfeil: **Erhöhung** der Gefahrenstufe

Abbildung 2: THF und MTBE: Bewertung nach Spaltenmodell

3. Rechtliche Grundlagen und allgemeine Informationen

Für solche Fälle findet sich in der TRGS 600 die folgende Regelung, die mithilfe von zwei Beispielen (Zündquellen bzw. Abfälle) beschrieben wird:

> **Anlage 2 Vergleichende Bewertung der gesundheitlichen und sicherheitstechnischen Gefährdungen (Spalten- und Wirkfaktorenmodell)**
>
> **1 Das Spaltenmodell**
>
> (…)
>
> 8. Der Regelfall wird jedoch sein, dass das potenzielle Ersatzprodukt in **einigen** Spalten **besser**, aber auch in **einer oder zwei Spalten schlechter** abschneidet. Dann obliegt es dem **Verwender** zu **beurteilen**, welche Gefahreneigenschaften, d.h. welche **Spalten** im konkreten Fall das **größere Gewicht** haben.
>   a. Lassen sich beispielsweise bei der Produktverarbeitung **Zündquellen** nicht ausschließen, wird man verstärkt auf die **Brand- und Explosionseigenschaften** sowie das **Freisetzungsverhalten** der Produkte achten müssen.
>   b. Entstehen bei der Verarbeitung **größere Mengen Abfälle**, haben die **Umweltgefahren** ein höheres Gewicht usw.

3.5.3 Gewichtung der einzelnen Spalten

Besondere Probleme bereitet in der betrieblichen Praxis der oben genannte Satz aus Anlage 2 zur TRGS 600: *„Dann obliegt es dem Verwender zu beurteilen, welche Gefahreneigenschaften, d.h. welche Spalten im konkreten Fall das größere Gewicht haben."*

Auch wenn in der TRGS 600 zwei Beispiele genannt werden, ist es mangels der Angabe klarer Kriterien oft **schwierig** zu **entscheiden, welche** Spalten das **größere Gewicht** haben.

In der TRGS 600 heißt es nämlich lediglich, dass bei der Entscheidung über die Substitution neben den gesundheitsbezogenen Eigenschaften auch die physikalisch-chemischen Eigenschaften „gleichrangig" zu berücksichtigen sind:

3. Rechtliche Grundlagen und allgemeine Informationen

5.2 Kriterien für die gesundheitliche und physikalisch-chemische Gefährdung

(8) **Gleichrangig** mit den **gesundheitsbezogenen** Eigenschaften sind die **physikalisch-chemischen** Eigenschaften von Stoffen, bei denen Brand- und Explosionsgefahren entstehen können, zu **berücksichtigen**. Insbesondere ist bei der Substitution zu prüfen, ob Stoffe und Zubereitungen eingesetzt werden können, die keine explosionsfähigen Gemische bilden können.

Praxistipp 3: Gewichtung der Gefahren: Gesundheitsgefahren haben im Allgemeinen das größte Gewicht

In den meisten Fällen sollte die Spalte „**Gesundheitsgefahren**" das **größte** Gewicht haben.

Das zeigt sich z.B. auch dadurch, dass es in der TRGS 600 **nur für die Gesundheitsgefahren** ein **weiteres Modell** zur Substitutionsprüfung gibt: das Wirkfaktoren-Modell.

Beim **Wirkfaktoren-Modell** werden alle Gesundheitsgefahren noch **detaillierter** nach der **Stärke** ihrer Wirkung anhand sogenannter Wirkfaktoren unterteilt. *(➔ Kapitel 3.6 Wirkfaktoren-Modell der TRGS 600)*

Man würde erwarten, dass zumindest in den **branchenspezifischen** Informationen, z.B. der DGUV Information 213-850 (früher: BGI 850-0) für das Labor, **Hilfestellungen** gegeben werden. Das ist aber leider **nicht** der Fall:

3.6 Substitution von Gefahrstoffen

Neben den **toxischen** Eigenschaften sind **auch physikalisch-chemische Eigenschaften** zu bewerten.

Dennoch findet sich in der DGUV Information 213-850 ein sehr hilfreicher Hinweis: Man sollte sich nicht zu sehr auf die verschiedenen Arten der Gefahren (physikalisch-chemisch oder gesundheitlich/toxisch) konzentrieren, sondern auf die **Maßnahmen** zur **Reduzierung** dieser verschiedenen Gefahren.

Die **Maßnahmen** sind nämlich oft die **gleichen – unabhängig** von der **Art** der **Gefahr**:

3. Rechtliche Grundlagen und allgemeine Informationen

> **3 Gefährdungsbeurteilung und Substitutionsprüfung**
>
> **3.1 Vorgehensweise**
>
> Auch bei Tätigkeiten mit Gefährdungen, die aus den **physikalisch-chemischen** Eigenschaften der Stoffe resultieren, müssen geeignete Maßnahmen ergriffen werden. Diese sind häufig die **gleichen Maßnahmen**, die die Gefährdungen durch die **toxischen** Eigenschaften reduzieren.

DGUV Information 213-850

Bei der Substitution kann es auch darum gehen, **Verfahren** einzusetzen, bei denen die dann eingesetzten **Gefahrstoffe möglichst wenig**

- freigesetzt werden,
- in der Umwelt verteilt werden,
- in Kontakt mit dem Menschen kommen.

Insbesondere viele **technische** Maßnahmen, wie z.b. ein **geschlossenes System**, reduzieren **gleichzeitig** die

- Gesundheits-,
- Umwelt- und
- Brand- und Explosionsgefahren.

Denn ein **geschlossenes System schützt** z.B.

- den **Mensch** vor einer krebserzeugenden Wirkung (→ Gesundheitsgefahr),
- die **Umwelt** vor schädlichen Auswirkungen auf z.B. Fische (→ Umweltgefahr),
- den **Mensch** vor den Auswirkungen einer Explosion (→ Brand- und Explosionsgefahr).

3.5.4 Vorteile des Spaltenmodells

Das Spaltenmodell hat den **Vorteil** einer **schnellen** und **einfachen Substitutionsprüfung**. Man muss dafür kein Chemiker oder Toxikologe sein.

> **Anlage 2 Vergleichende Bewertung der gesundheitlichen und sicherheitstechnischen Gefährdungen (Spalten- und Wirkfaktorenmodell)**
>
> **1 Das Spaltenmodell**
>
> (1) Das Spaltenmodell (siehe Tabelle „Ersatzstoffprüfung") erlaubt einen **schnellen Vergleich** von Stoffen und Zubereitungen **anhand weniger Informationen**.

TRGS 600

3. Rechtliche Grundlagen und allgemeine Informationen

Die wenigen Informationen sind im **Sicherheitsdatenblatt leicht verfügbar**. [Fachartikel Werkzeuge zur Gefährdungsermittlung]

Merksatz 7: Vorteile des Spaltenmodells

Das Spaltenmodell
- ist **einfach und schnell anwendbar**.
- benötigt nur **wenige und leicht zugängliche Informationen** aus dem **Sicherheitsdatenblatt**.

3.5.5 Nachteile des Spaltenmodells

Das Spaltenmodell betrachtet immer nur einen Stoff bzw. ein Gemisch („Zubereitung") als „**einen Stoff**". Die einzelnen **Inhaltsstoffe** eines Gemischs können mit dem Spaltenmodell **nicht** getrennt betrachtet werden:

TRGS 600

Anlage 2 Vergleichende Bewertung der gesundheitlichen und sicherheitstechnischen Gefährdungen (Spalten- und Wirkfaktorenmodell)

1 Das Spaltenmodell

(3) Eine Bewertung unter Betrachtung der **Inhaltsstoffe** wird beim Spaltenmodell **nicht** durchgeführt.

3.5.6 Anwendung des Spaltenmodells bei fehlenden Daten

Es kommt oft vor, dass zu einem Stoff oder einem Gemisch

- **ungenügende** Prüfdaten oder
- **nicht ausreichende** Informationen

– z.B. zu den Gesundheitsgefahren – vorliegen. Im Sicherheitsdatenblatt findet man dann Angaben wie „keine Informationen verfügbar".

In der Gefahrstoffverordnung wird beschrieben, was in solchen Fällen zu tun ist: Bei den **Gesundheitsgefahren** sind bei fehlenden Daten die folgenden **Wirkungen** als „**vorhanden**" anzunehmen:

GefStoffV

§ 6 Informationsermittlung und Gefährdungsbeurteilung

(12) Wenn für Stoffe oder Zubereitungen **keine Prüfdaten** oder entsprechende aussagekräftige Informationen zur

– akut toxischen,
– reizenden,

3. Rechtliche Grundlagen und allgemeine Informationen

- hautsensibilisierenden oder
- erbgutverändernden Wirkung oder zur
- Wirkung bei wiederholter Exposition

vorliegen, sind die Stoffe oder Zubereitungen bei der Gefährdungsbeurteilung **wie Gefahrstoffe mit entsprechenden Wirkungen zu behandeln.**

Aber auch bei **fehlenden** Angaben zu den physikalisch-chemischen Eigenschaften sind diese **unter bestimmten Voraussetzungen ("Plausibilitätsprüfung")** als **vorhanden** anzunehmen:

> **5.2 Kriterien für die gesundheitliche und physikalisch-chemische Gefährdung**
>
> (11) Sind physikalisch-chemische Angaben nicht verfügbar bzw. scheinen nach **Plausibilitätsprüfung Angaben zu fehlen**, beispielsweise eine Angabe zur Entzündlichkeit bei einem leicht flüchtigen organischen Lösemittel, so sind diese im Rahmen der Informationsermittlung nachzufragen. Wenn **keine Angaben** hierzu erhalten werden können, sind die entsprechenden **Eigenschaften als vorhanden anzunehmen.**

TRGS 600

Die „Unterstellung" der oben genannten Wirkungen bei **fehlenden Daten** führt zu den folgenden Gefahrenstufen:

> **Anwendungsvoraussetzungen für das Spaltenmodell nach TRGS 600:**
>
> 1. Fehlen Angaben zur Testung der **akuten Toxizität,** ist der Stoff bzw. das Gemisch in der Spalte „akute Gesundheitsgefahren" in die Kategorie **„mittlere** Gefahr" (entsprechend „Akut toxische Stoffe/Gemische, Kategorie 4", H302, H312, H332) einzuordnen.
> 2. Fehlen Angaben zur Testung der **Hautreizung/Schleimhautreizung,** ist der Stoff bzw. das Gemisch in der Spalte „akute Gesundheitsgefahren" **zumindest** in die Kategorie **„geringe** Gefahr" (entsprechend „Hautreizend", H315) einzuordnen.
> 3. Fehlen Angaben zur Testung der **Mutagenität** (erbgutverändernde Wirkung), ist der Stoff bzw. das Gemisch in der Spalte „chronische Gesundheitsgefahren" in die Kategorie **„hohe** Gefahr" (entsprechend „Keimzellmutagen, Kategorie 2", H341) einzuordnen.

IFA-GHS

3. Rechtliche Grundlagen und allgemeine Informationen

> 4. Fehlen Angaben zur Testung der **hautsensibilisierenden** Wirkung, ist der Stoff bzw. das Gemisch in der Spalte „akute Gesundheitsgefahren" in die Kategorie „**hohe** Gefahr" (entsprechend „Hautsensibilisierend", H317) einzuordnen.

Diese **vier Gesundheitsgefahren** werden

- in der TRGS 600 als „**toxikologische Endpunkte**" und im
- IFA-GHS-Spaltenmodell als „**Grundprüfungen**"

bezeichnet.

Tabelle 11: H-Sätze und Piktogramme der vier Endpunkte bzw. Grundprüfungen

Toxikologische Endpunkte bzw. Grundprüfungen	H-Sätze	Piktogramm
1. Akute Toxizität	H302+H312+H332: Gesundheitsschädlich bei Verschlucken, Hautkontakt oder Einatmen.	❗
2. Hautreizung/Schleimhautreizung	H315: Verursacht Hautreizungen.	❗
3. Mutagenität	H341: Kann vermutlich genetische Defekte verursachen.	☣
4. Hautsensibilisierung	H317: Kann allergische Hautreaktionen verursachen.	❗

Tabelle 12: Gefahrenhöhe bei fehlender Angabe zu mindestens einem der vier Endpunkte bzw. Grundprüfungen

Gefahr	akute und chronische Gesundheit		
		Beschreibung	H-Sätze
sehr hoch			
hoch	fehlende Angaben zu	Mutagenität (erbgutverändernde Wirkung)*⁾	H341*⁾
		Hautsensibilisierung*⁾	H317*⁾
mittel		akute Toxizität*⁾	H302, H312, H332*⁾
gering		Hautreizung/Schleimhautreizung*⁾	H315*⁾

*⁾ Ausschlaggebend ist jeweils die **höchste** Gefahrenstufe.

3. Rechtliche Grundlagen und allgemeine Informationen

Bei Ersatzstoffen mit **fehlenden** Angaben **zu ALLEN (!) vier Endpunkten bzw. Grundprüfungen** ergibt sich die Gefahrenstufe „**hoch**".

In diesem Fall ist nur noch bei einem Ausgangsstoff mit der Gefahrenstufe „**sehr** hoch" eine **Reduzierung** der Gefahrenstufe von „sehr hoch" auf „hoch" möglich.

Aus diesem Grunde sind im Rahmen einer Substitutionsprüfung nur Ersatzstoffe in Betracht zu ziehen, bei denen **zumindest** zu den **vier Endpunkten** bzw. **Grundprüfungen Daten vorliegen**.

> **Anwendungsvoraussetzungen für das Spaltenmodell nach TRGS 600: Was heißt das konkret?**
>
> Die konsequenteste Vorgehensweise besteht darin, diejenigen Produkte, bei denen schon zu den **vier genannten Grundprüfungen Informationslücken** bestehen, **gar nicht als potenzielle Ersatzstoffe in Erwägung zu ziehen** bzw. ohne ausreichende Informationen gelieferte Stoffe/Gemische durch andere, besser untersuchte, zu ersetzen.

Praxistipp 4: Anwendung des Spaltenmodells bei fehlenden Daten

1. Es sind möglichst Stoffe **ohne fehlende** Angaben/Daten einzusetzen.
2. Wenn Stoffe mit fehlenden Angaben zur den vier toxikologischen Endpunkten bzw. Grundprüfungen aber **doch** im Rahmen der Substitutionsprüfung eingesetzt werden sollen, müssen diese **fehlenden** Angaben/Daten als **vorhanden angenommen** werden.
3. Wenn Daten zur **Mutagenität** oder zur **Hautsensibilisierung fehlen**, ergibt sich allein dadurch **schon** die Gefahrenstufe „**hoch**", unabhängig davon, ob zu den anderen Gesundheitsgefahren Daten vorliegen oder nicht.
4. Wenn Daten zur **Hautreizung fehlen**, ergibt sich daraus nur die Gefahrenstufe „**gering**".

Informationen zu den Endpunkten bzw. Grundprüfungen finden sich im Sicherheitsdatenblatt in Abschnitt 11 „Toxikologische Angaben".

3. Rechtliche Grundlagen und allgemeine Informationen

3.5.7 Übungen zum Spaltenmodell

Mit den folgenden Übungsaufgaben können die physikalisch-chemischen Gefahren und die Gesundheitsgefahren der Beispielstoffe Tetrahydrofuran, Essigester und Methanol den Gefahrenstufen zugeordnet werden.

Übungsaufgabe 2: Spaltenmodell – Stoffbeispiel Tetrahydrofuran

Tetrahydrofuran: 1) Zuordnen der H-Sätze zu einer Gefahrenstufe anhand des Spaltenmodells: →

Spaltenmodell: Gefahrenstufe		Hxxx
S: Sehr hoch		Siehe Spaltenmodell
H: Hoch		
M: Mittel		
G: Gering		

- **H** H225: Flüssigkeit und Dampf leicht entzündbar.
- ☐ H319: Verursacht schwere Augenreizung.
- ☐ H335: Kann die Atemwege reizen.
- ☐ H351: Kann vermutlich Krebs erzeugen.
- ☐ EUH019: Kann explosionsfähige Peroxide bilden.

2) Zuordnen der **max**. Höhe der „Gefahr": →

Max. Gefahr	Physikalisch-chemische Gefahren	Gesundheitsgefahren
S: Sehr hoch	☐	☐
H: Hoch	☐	☐
M: Mittel	☐	☐
G: Gering	☐	☐

Übungsaufgabe 3: Spaltenmodell – Stoffbeispiel Essigester

Essigester: 1) Zuordnen der H-Sätze zu einer Gefahrenstufe anhand des Spaltenmodells: →

Spaltenmodell: Gefahrenstufe		Hxxx
S: Sehr hoch		Siehe Spaltenmodell
H: Hoch		
M: Mittel		
G: Gering		

- **H** H225: Flüssigkeit und Dampf leicht entzündbar.
- ☐ H319: Verursacht schwere Augenreizung.
- ☐ H336: Kann Schläfrigkeit und Benommenheit verursachen.
- ☐ EUH66: Wiederholter Kontakt kann zu spröder oder rissiger Haut führen.

2) Zuordnen der **max**. Höhe der „Gefahr": →

Max. Gefahr	Physikalisch-chemische Gefahren	Gesundheitsgefahren
S: Sehr hoch	☐	☐
H: Hoch	☐	☐
M: Mittel	☐	☐
G: Gering	☐	☐

3. Rechtliche Grundlagen und allgemeine Informationen

Übungsaufgabe 4: Spaltenmodell – Stoffbeispiel Methanol

<u>Methanol</u>: 1) Zuordnen der H-Sätze zu einer Gefahrenstufe anhand des Spaltenmodells: ➔

Spaltenmodell: Gefahrenstufe	Hxxx
S: Sehr hoch	Siehe Spaltenmodell
H: Hoch	
M: Mittel	
G: Gering	

H H225: Flüssigkeit und Dampf leicht entzündbar.

☐ H301+311+331: Giftig bei Verschlucken, Hautkontakt oder Einatmen.

☐ H370: Schädigt die Organe.

2) Zuordnen der **max.** Höhe der „Gefahr": ➔

Max. Gefahr	Physikalisch-chemische Gefahren	Gesundheitsgefahren
S: Sehr hoch	☐	☐
H: Hoch	☐	☐
M: Mittel	☐	☐
G: Gering	☐	☐

3.6 Wirkfaktoren-Modell der TRGS 600

Neben dem **Spaltenmodell** gibt es das sogenannte **Wirkfaktoren-Modell**. Dieses **beschränkt** sich auf die Betrachtung bzw. den Vergleich der **Gesundheitsgefahren**, die von einem Stoff und seinem möglichen Ersatzstoff ausgehen.

Der **Wirkfaktor** (W) für einen Stoff wird ermittelt anhand der **R-Sätze** aus der Stoffrichtlinie, die auf dem Etikett oder im Sicherheitsdatenblatt zu finden sind.

Ergänzend werden u.a. die Angaben „Hautresorption", „Sensibilisierung" und die Höhe des Luftgrenzwertes aus der TRGS 900 „Arbeitsplatzgrenzwerte" herangezogen.

Wenn kein rechtsverbindlicher Grenzwert aus der TRGS 900 vorliegt, kann stattdessen auf den MAK-Wert aus der MAK- und BAT-Werte-Liste der Deutschen Forschungsgemeinschaft zurückgegriffen werden.

Beim Wirkfaktoren-Modell wird jeder Gesundheitsgefahr ein **W-Faktor** (eine **Zahl** zwischen 0 und 50.000) **zugeordnet**.

3. Rechtliche Grundlagen und allgemeine Informationen

Anlage 2 Vergleichende Bewertung der gesundheitlichen und sicherheitstechnischen Gefährdungen (Spalten- und Wirkfaktorenmodell)

2.1 Der Wirkfaktor (W) für Stoffe

(1) **W** wird beschrieben durch die entsprechenden **Gefahrenhinweise** (R-Sätze) sowie durch **Gesundheitsgefahren**, die noch nicht in einem R-Satz ihren Niederschlag gefunden haben (z.B. Hautresorptivität, pH-Wert, K3).

Während beim **Spaltenmodell** die Gesundheitsgefahren **getrennt** nach

- **akuten** Wirkungen (nach **kurzer** Zeit auftretend, z.B. akut giftig, akut gesundheitsschädlich oder ätzend) bzw.

- **chronischen** Wirkungen (nach **langer** Zeit, u.U. erst nach Jahrzehnten auftretend, z.B. krebserzeugend oder fortpflanzungsgefährdend)

beurteilt werden, werden beim Wirkfaktoren-Modell

- **akute** Wirkungen und
- **chronische** Wirkungen

gemeinsam in **eine** Reihenfolge bzgl. ihrer Gesundheitsgefahr einsortiert.

Das hat den **Vorteil**, dass dadurch **alle Gesundheitsgefahren** – also akute und chronische – miteinander **verglichen** und damit u.a. die folgenden Fragen beantwortet werden können: Wie gefährlich ist ein

- krebserzeugender Stoff im Vergleich zu einem akut giftigen Stoff?
- fortpflanzungsgefährdender Stoff im Vergleich zu einem ätzenden Stoff?

Im Gegensatz zum Spaltenmodell findet man beim Wirkfaktoren-Modell den Hinweis, dass bei **mehreren** zutreffenden Eigenschaften die Eigenschaft mit dem **höchsten Wert** heranzuziehen ist.

3. Rechtliche Grundlagen und allgemeine Informationen

> **Anlage 2 Vergleichende Bewertung der gesundheitlichen und sicherheitstechnischen Gefährdungen (Spalten- und Wirkfaktorenmodell)**
>
> **2.1 Der Wirkfaktor (W) für Stoffe**
>
> (5) Bei Stoffen mit **mehreren** der aufgeführten **Eigenschaften** ist die Eigenschaft mit dem **höchsten Wert** heranzuziehen.

In der TRGS 600 wird **keine exakte Grenze genannt**, ab welcher Reduzierung des Wirkfaktors durch den möglichen Ersatzstoff **substituiert** werden **muss**.

> **Anlage 2 Vergleichende Bewertung der gesundheitlichen und sicherheitstechnischen Gefährdungen (Spalten- und Wirkfaktorenmodell)**
>
> **2.3 Bewertung der W-Faktoren**
>
> (2) Der Einsatz einer Ersatzlösung ist **umso eindringlicher** zu prüfen, **je größer** der **Quotient** aus den Wirkfaktoren der bestehenden Lösung und der Ersatzlösung ist.

3.6.1 Wirkfaktoren

Für das Wirkfaktoren-Modell liegt – im Gegensatz zum Spaltenmodell – **nur** die Version der TRGS 600 mit Kennzeichnung durch die **R-Sätze** vor. Eine Version mit Kennzeichnung durch die **H-Sätze** aus der CLP-Verordnung, etwa von der IFA, gibt es leider noch **nicht**.

Deshalb wurde in Tabelle 13 das Wirkfaktoren-Modell **redaktionell** um die **H-Sätze ergänzt**. Die Umwandlung der R- in die H-Sätze geschah in Anlehnung an das IFA-GHS-Spaltenmodell. Allerdings ist nicht in allen Fällen eine 1:1-Umsetzung möglich. Um den **Bezug zum Spaltenmodell** zu verdeutlichen, wurden die H-Sätze entsprechend ihrer Gefahrenstufe aus dem Spaltenmodell farbig hinterlegt.

3. Rechtliche Grundlagen und allgemeine Informationen

Tabelle 13: Wirkfaktoren-Modell mit R- und H-Sätzen, Quelle: [TRGS 600], redaktionell bearbeitet

R-Satz	(EU)H-Sätze*[)]		Wirkfaktoren (W)
R45, R46, R49, M1, M2, K1, K2	H350, H340, H350i, M1A, M1B, K1A, K1B		50.000
R26, R27, R28, R32	H300, H310, H330, EUH032		
R60, R61, R_E1, R_E2, R_F1, R_F2	H360F, H360D, R_E1A, R_E1B, R_F1A, R_F1B		1.000
Luftgrenzwert[3)] < 0,1 mg/m³			
R35, R48/23, R48/24, R48/25, R42, R43	H314 (Kat. 1A), H370, H372, H334, H317		500
Sh, Sa, Sah[4)]			
R23, R24, R25, R29, R31, R34, R41	H301, H311, H331, EUH029, EUH031	H314 (Kat. 1B, 1C), H318	100
R33, R40, R68, K3, M3	H351, H341, K2, M2		
pH < 2 bzw. > 11,5[1)]	pH < 2 bzw. > 11,5		
H[2)]			
R48/20, R48/21, R48/22, R62, R63, R_E3, R_F3	H371, H373, H361f, H361d, R_E2, R_F2		50
R20, R21, R22	H302, H312, H332		10
R36, R37, R38, R65, R67	H315, H319; H335, H304, H336		5
R66	EUH066		1
Eingestuft (aber keines der genannten Kriterien) oder mit AGW > 100 mg/m³			
Stoffe mit bekanntermaßen geringer Gesundheitsgefährdung			0
Luftgrenzwert zwischen 0,1 und 100 mg/m³			100/GW[2)]
Gefahrenstufen aus dem IFA-Spaltenmodell [IFA-GHS]:			
rot = sehr hoch	orange = hoch	gelb = mittel	hellgrün = gering

*[)] Angaben redaktionell ergänzt und deshalb nicht verbindlich
[1)] Wenn für die Zubereitung der Wirkfaktor (W_Z) kleiner 100 ist, ist das Wirkpotenzial bei einem pH-Wert der Zubereitung < 2 bzw. > 11,5 mit W = 100 anzunehmen, sofern nicht aufgrund von Prüfungen der pH-Wert als nicht bewertungsrelevant beurteilt wurde.
[2)] Bei einer Einstufung als hautresorptiv (H) in der MAK- und BAT-Werte-Liste der DFG oder in der TRGS 900 ohne entsprechenden R-Satz; liegt einer der R-Sätze 20, 21 oder 22 vor, ist das Wirkpotenzial entsprechend diesem R-Satz zu wählen.
[3)] Verwenden Sie jeweils den höchsten Wert für W (aus kritischstem R-Satz bzw. 100/Grenzwert (GW)). Soweit Wirkungen, die einem R-Satz zugrunde liegen, maßgeblich die Höhe des Luftgrenzwertes begründen, braucht dieser R-Satz nicht berücksichtigt zu werden. Dies kann den Begründungen zu den Luftgrenzwerten entnommen werden.
[4)] Bei einer Einstufung als hautsensibilisierend (Sh), atemwegssensibilisierend (Sa) oder haut- und atemwegssensibilisierend (Sah) in der MAK- und BAT-Werte-Liste der DFG oder in der TRGS 900 ohne entsprechenden R-Satz; liegt einer der R-Sätze R42, R43 oder R42/43 vor, ist das Wirkpotenzial entsprechend diesem R-Satz zu wählen.
Red. Anmerkung: In beiden Fällen bleibt der Wirkfaktor 500.

3. Rechtliche Grundlagen und allgemeine Informationen

Die große Spannbreite der Wirkfaktoren mit Werten von 0 bis 50.000 soll die **großen Unterschiede** zwischen den Gesundheitsgefahren verdeutlichen – z.b. krebserzeugende Wirkung 50.000, reizende Wirkung nur 5.

Der **sehr hohe Wirkfaktor von 50.000** stellt sicher, dass selbst bei sehr **geringen Mengen** z.b. eines krebserzeugenden Stoffs in einem Gemisch dieses immer noch einen **hohen Wirkfaktor** erhält.

Mit **Abnahme** der **akuten Toxizität** von „lebensgefährlich" über „giftig" bis zu „gesundheitsschädlich" reduziert sich der Wirkfaktor jeweils um den **Faktor 10**:

W = 1.000   lebensgefährlich (H300, H310, H330)

W =   100   giftig (H301, H311, H331)

W =   10   gesundheitsschädlich (H302, H312, H332)

Jeder Gefahrenstufe im Spaltenmodell sind **mehrere** Wirkfaktoren zugeordnet. Es gibt **keine** 1:1-Übersetzung von der Höhe der Gefahrenstufe im Spaltenmodell zu **nur einem** Wirkfaktor im Wirkfaktoren-Modell.

Tabelle 14: Gegenüberstellung: Gefahrenhöhe aus Spaltenmodell und Wirkfaktor aus Wirkfaktoren-Modell

Gefahrenstufe aus Spaltenmodell	Wirkfaktor
sehr hoch	von 1.000 bis max. 50.000
hoch	von 100 bis max. 1.000
mittel	von 10 bis max. 100
gering	von 1 bis max. 5

3.6.2 Vorteile des Wirkfaktoren-Modells

Wie schon oben in ➔ *Kapitel 3.5.5* beschrieben, betrachtet das Spaltenmodell immer nur **einen** Stoff bzw. ein Gemisch (Zubereitung) als „einen Stoff". Die einzelnen **Inhaltsstoffe** eines Gemisches können beim Spaltenmodell **nicht** getrennt betrachtet werden.

Oft werden aber **Gemische** eingesetzt, die aus vielen **Inhaltsstoffen mit unterschiedlichen Gefahren** bestehen.

Bei Konzentrationen der Inhaltsstoffe oberhalb ihrer jeweiligen Einstufungsgrenzen sind diese aus dem Sicherheitsdatenblatt ersichtlich (siehe Abschnitt 3 im Sicherheitsdatenblatt „Zusammensetzung/Angaben zu Bestandteilen").

3. Rechtliche Grundlagen und allgemeine Informationen

Das Wirkfaktoren-Modell hat im Gegensatz zum Spaltenmodell den **Vorteil**, dass all diese **Inhaltsstoffe** eines Gemisches **berücksichtigt** werden können.

Den Wirkfaktor (W_Z) für **Gemische** (Zubereitungen) erhält man, indem man die Wirkfaktoren der **Inhaltsstoffe** entsprechend ihren **Anteilen** im Gemisch (in der Zubereitung) **addiert**.

> **Anlage 2 Vergleichende Bewertung der gesundheitlichen und sicherheitstechnischen Gefährdungen (Spalten- und Wirkfaktorenmodell)**
>
> **2 Das Wirkfaktoren-Modell**
>
> Es geht im Gegensatz zum Spaltenmodell **nicht** von der Einstufung der Zubereitung aus, sondern **berücksichtigt anteilig alle** (aus dem Sicherheitsdatenblatt ersichtlichen) **Inhaltsstoffe**.

Ein weiterer **Vorteil** des Wirkfaktoren-Modells ist, dass es die verschiedenen **Gesundheitsgefahren** mit **quantitativen Wirkfaktoren** belegt.

Das Spaltenmodell unterteilt die Gefahren nur **qualitativ** (z.B. „sehr hoch" oder „gering") in verschiedene **Gefahrenstufen**, ohne diese quantitativ zu gewichten. Dabei werden akute und chronische **Gesundheitsgefahren** jeweils für sich, also **getrennt**, beurteilt.

Anhand der Abbildung 3 soll die Gewichtung der einzelnen Gesundheitsgefahren im Wirkfaktoren-Modell noch einmal verdeutlicht werden.

Zur besseren Verständlichkeit wurden bei den H-Sätzen die wesentlichen Gesundheitsgefahren in Textform ergänzt.

Wenn man Abbildung 3 mit einer anderen Achseneinteilung darstellt (Maximalwert: 50.000, siehe Abbildung 4) fällt der **extrem hohe Wirkfaktor für krebserzeugende und erbgutverändernde** Stoffe auf.

3. Rechtliche Grundlagen und allgemeine Informationen

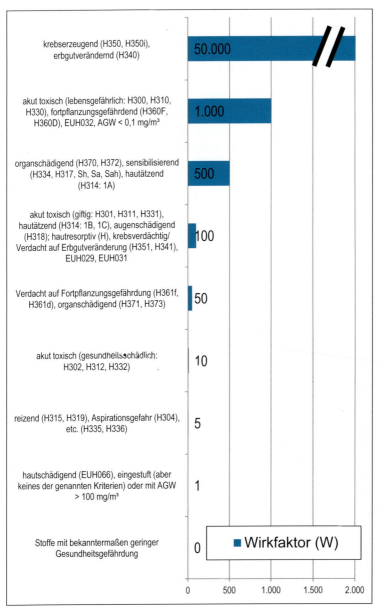

Abbildung 3: Wirkfaktoren-Modell; maximaler Achsenwert: 2.000

3. Rechtliche Grundlagen und allgemeine Informationen

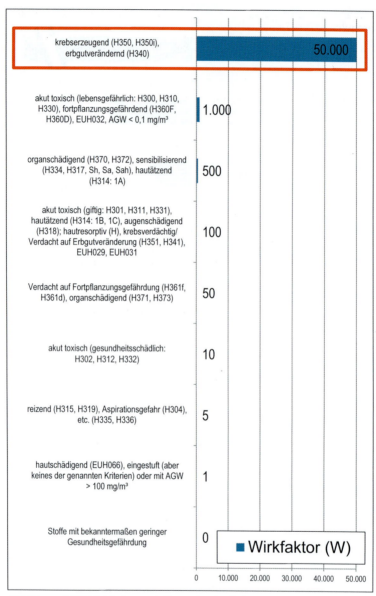

Abbildung 4: Wirkfaktorenmodell; maximaler Achsenwert: 50.000

3. Rechtliche Grundlagen und allgemeine Informationen

Merksatz 8: Extrem hoher Wirkfaktor (50.000!) bei krebserzeugenden oder erbgutverändernden Stoffen

> ➢ **Krebserzeugende und erbgutverändernde** Stoffe der Kategorien 1A oder 1B, erkennbar an der Kennzeichnung mit den H-Sätzen H350(i) oder H340 (➔ Spaltenmodell: Gefahrenstufe „sehr hoch"), haben einen **extrem hohen Wirkfaktor von 50.000**.
> ➢ Bei diesen Stoffen ist zu beachten, dass diese sogenannten „**chronischen**" Wirkungen oft erst **nach mehreren Jahren oder Jahrzehnten** auftreten. Die Folgen von eventuell falschen oder nicht ausreichenden Schutzmaßnahmen zeigen sich also oft erst dann, wenn es „zu spät ist" und Krebs im Körper entstanden ist.

Akut toxische Stoffe mit den H-Sätzen H300, H310 oder H330 haben einen deutlich **niedrigeren Wirkfaktor als krebserzeugende oder erbgutverändernde Stoffe mit den H-Sätzen H340 oder H350(i)**.

Dieser Unterschied in den Wirkfaktoren lässt sich gut nachvollziehen: **Akute** Wirkungen – z.B. erkennbar am Piktogramm „**Totenkopf**" – zeigen sich sehr **zeitnah**, z.B. bereits bei Schichtende.

Im Gegensatz zum Wirkfaktoren-Modell werden im Spaltenmodell die akut toxischen Stoffe der gleichen Gefahrenstufe wie die oben genannten krebserzeugenden oder erbgutverändernden Stoffe zugeordnet.

Tabelle 15: Spaltenmodell und Wirkfaktoren-Modell: Gefahrenhinweise bei krebserzeugenden und erbgutverändernden sowie akut toxischen Wirkungen

Gefahrenhinweis			Gefahrenstufe im Spaltenmodell	Wirkfaktor
H340	Kann genetische Defekte verursachen.		sehr hoch	50.000
H350	Kann Krebs erzeugen.			
H350i	Kann bei Einatmen Krebs erzeugen.			
H300	Lebensgefahr bei	Verschlucken.		1.000
H310		Hautkontakt.		
H330		Einatmen.		

3. Rechtliche Grundlagen und allgemeine Informationen

Die **fehlende** Differenzierung im Spaltenmodell zwischen diesen Wirkungen ist hier besonders augenfällig.

Bei zeitnah auftretenden Wirkungen lässt sich ein Zusammenhang, z.B. zwischen einer Giftwirkung und eventuell falsch ausgewählten Schutzmaßnahmen, sehr viel leichter herstellen als bei Wirkungen, die erst nach langer Zeit auftreten. Gegenmaßnahmen können dadurch viel früher bzw. schneller ergriffen werden.

Merksatz 9: Wirkfaktor 1.000 bei akut toxischen Wirkungen

> ➢ Akut toxische Wirkungen mit den H-Sätzen H300, H310, H330 und dem Wort „**lebensgefährlich**" (➔ Spaltenmodell: Gefahrenstufe „sehr hoch") haben einen 50-fach **niedrigeren** Wirkfaktor von **NUR** noch **1.000**.
> ➢ Bei diesen akuten Wirkungen ist zu beachten, dass die **Schädigungen zeitnah** auftreten. Spätfolgen nach mehreren Jahren oder Jahrzehnten sind hier nicht zu befürchten.

Bei den **ätzenden Wirkungen** ist der **Wirkfaktor** noch einmal **niedriger** (100 bis max. 500):

Tabelle 16: Spaltenmodell und Wirkfaktoren-Modell: Gefahrenhinweise bei ätzenden Wirkungen

Gefahrenhinweis			Gefahrenstufe im Spaltenmodell	Wirkfaktor
H314	Verursacht schwere Verätzungen der Haut und schwere Augenschäden.	Kategorie 1A	hoch	500
		1B, 1C	mittel	100
H318	Verursacht schwere Augenschäden.		mittel	100

Merksatz 10: Wirkfaktor 500 bzw. 100 bei ätzenden Wirkungen

> Bei ätzenden Wirkungen ist zu beachten, dass diese – wie die akut toxischen Wirkungen – **zeitnah auftreten**. **Spätfolgen** nach mehreren Jahren oder Jahrzehnten sind auch hier **nicht zu befürchten**.

3. Rechtliche Grundlagen und allgemeine Informationen

3.6.3 Nachteile des Wirkfaktoren-Modells

Der oben beschriebene Vorteil des Wirkfaktoren-Modells (Berücksichtigung aller Inhaltsstoffe eines Gemisches) hat gleichzeitig den Nachteil, dass es sich beim Wirkfaktoren-Modell **nicht** mehr um ein Modell mit **pragmatischer** und einfach anzuwendender Vorgehensweise handelt.

Denn je **mehr** Inhaltsstoffe ein Gemisch hat, umso **komplizierter** und **zeitaufwendiger** wird die Berechnung:

Bei Gemischen muss **zuerst** für jeden **Inhaltsstoff** der **Wirkfaktor** einzeln ermittelt werden.

Aus den einzelnen Wirkfaktoren der Inhaltsstoffe muss dann unter Berücksichtigung der **unterschiedlichen** Anteile der Inhaltsstoffe am Gemisch der **Gesamtwirkfaktor** für das Gemisch berechnet werden.

Gemisch xyz:
↓ Anteil
Inhaltsstoff 1: 20 %
Inhaltsstoff 2: 5 %
Inhaltsstoff 3: 18 %
(...)

Die **Berechnung des Gesamtwirkfaktors** für ein Gemisch ist also **relativ kompliziert**, weil es viele weitere Detail-Regeln zu beachten gilt (siehe dazu TRGS 600 Anlage 2 Nr. 2.2 Abs. 3 und 4).

Deshalb schlägt die TRGS 600 vor, dass der **Lieferant oder Hersteller von Gemischen** den **Wirkfaktor im Sicherheitsdatenblatt angibt** (TRGS 600 Anlage 2 Nr. 2.2 Abs. 2). Dieser Vorschlag hat sich aber in der Praxis nicht flächendeckend durchgesetzt.

Aus diesem Grund ist der Gesamtwirkfaktor in **kaum** einem Sicherheitsdatenblatt zu finden. Für die dann **selbst** durchzuführende Berechnung des Gemisch-Wirkfaktors ist der **Aufwand** zu hoch. Er steht in **keinem Verhältnis zum Nutzen** für die Substitutionsprüfung.

Die **Wirkfaktoren** können aber trotzdem einfach und schnell im Rahmen der Substitutionsprüfung **genutzt** werden:

Praxistipp 5: Substitution je nach Wirkfaktor

> Prüfen Sie bei Gemischen, ob im Sicherheitsdatenblatt
> ➢ in Abschnitt 3 **Inhaltsstoffe mit den H-Sätzen H350(i) oder H340** (krebserzeugend bzw. erbgutverändernd) bzw.
> ➢ in Abschnitt 8 **Inhaltsstoffe mit den Kategorien K1, M2, K2 oder M2** aus der TRGS 905 (entspricht in der CLP-Verordnung den Kategorien 1A bzw. 1B)
> **genannt** werden.

3. Rechtliche Grundlagen und allgemeine Informationen

> Von diesen Inhaltsstoffen geht eine **sehr hohe Gefahr** aus, verdeutlicht durch den **sehr hohen Wirkfaktor 50.000**.
> ➢ **Wenn** Inhaltsstoffe mit diesen H-Sätzen vorhanden sind, sollte dieses Gemisch mit **sehr hoher Priorität ersetzt** werden.
> ➢ Wenn **nicht**: Je **niedriger** die Wirkfaktoren der sonstigen Gesundheitsgefahren sind, umso **nachrangiger** sind sie bzgl. der Substitution zu bewerten.

Nachteilig gegenüber dem Spaltenmodell ist außerdem, dass mit dem **Wirkfaktoren-Modell nur die Gesundheitsgefahren** („**toxische** Eigenschaften") vergleichend bewertet werden können.

Für die **Gesamtbeurteilung aller** Gefahrenarten wird wieder auf das **Spaltenmodell** verwiesen.

TRGS 600

Anlage 2 Vergleichende Bewertung der gesundheitlichen und sicherheitstechnischen Gefährdungen (Spalten- und Wirkfaktorenmodell)

2 Das Wirkfaktoren-Modell

(1) Das folgende Verfahren erlaubt eine vergleichende **Gefährdungsabschätzung**, allerdings **nur hinsichtlich der gesundheitsschädlichen Eigenschaften**, (…)

(4) Das Wirkfaktoren-Modell bezieht sich **ausschließlich auf toxische Eigenschaften**. Physikalisch-chemische Eigenschaften, Umweltgefahren sowie Expositions- und Anwendungsbedingungen sind **nicht berücksichtigt**. Diese müssen in der Entscheidung zu einem Ersatzstoff **getrennt beurteilt** werden (zum Beispiel mit dem **Spaltenmodell**). (…)

2.3 Bewertung der W-Faktoren

(1) Das Wirkfaktoren-Modell bezieht sich auf **toxische** Eigenschaften. Daher sind bei Entscheidungen über Ersatzstoffe die **physikalisch-chemischen Eigenschaften, Umweltgefahren, Expositions- und Anwendungsbedingungen getrennt zu beurteilen**.

3.6.4 Anwendung des Wirkfaktoren-Modells bei fehlenden Daten

Wie beim Spaltenmodell soll auch das Wirkfaktoren-Modell nur **bei vorhandenen Mindestangaben der folgenden Eigenschaften** angewendet werden. Analog werden **fehlende Angaben** so bewertet, als wären sie **vorhanden**.

3. Rechtliche Grundlagen und allgemeine Informationen

> **Anlage 2 Vergleichende Bewertung der gesundheitlichen und sicherheitstechnischen Gefährdungen (Spalten- und Wirkfaktorenmodell)**
>
> **2 Das Wirkfaktoren-Modell**
>
> (2) Auch zur Anwendung des Wirkfaktoren-Modells sollten **zumindest Angaben** zu folgenden gesundheitsschädigenden Eigenschaften der Stoffe bzw. der Inhaltsstoffe der Zubereitungen **vorliegen**:
>
> – akute Toxizität,
> – Hautreizung,
> – Schleimhautreizung,
> – erbgutveränderndem Potenzial und
> – Hautsensibilisierung.
>
> **Zusätzlich** ist die **Toxizität bei wiederholter Applikation** (Verabreichung) zu beurteilen. **Fehlende** Angaben zu diesen Endpunkten werden mit dem **entsprechenden** W-Faktor **bewertet**:
>
> 1. Liegen **keine Daten** oder Erfahrungen zu **akuter Toxizität, Hautreizung, Schleimhautreizung** oder **erbgutveränderndem Potenzial** vor und ist auch **kein Luftgrenzwert** festgesetzt, ist für diese Figenschaften der **W-Faktor 100 anzunehmen.**
> 2. Liegen **keine Daten** oder Erfahrungen zur **Hautsensibilisierung** vor und ist auch **kein Luftgrenzwert** festgesetzt, ist für diese Eigenschaften ein **W-Faktor von 500 anzunehmen.**
> 3. Liegen **keine Daten** oder Erfahrungen zur **Toxizität bei wiederholter Verabreichung** vor und ist auch kein Luftgrenzwert festgesetzt, ist für diese Eigenschaft ein **W-Faktor von 100 anzunehmen.**

TRGS 600

3.6.5 Wirkfaktoren – Stoffbeispiele

Die Anwendung des Wirkfaktoren-Modells soll anhand der Stoffbeispiele in den Tabellen 17 bis 19 verdeutlicht werden. Da das Wirkfaktoren-Modell bisher **nur** in der Version mit den **R-Sätzen** vorliegt, erfolgt hier entsprechend die Bewertung mittels dieser Sätze und **nicht** mittels der H-Sätze aus der CLP-Verordnung.

3. Rechtliche Grundlagen und allgemeine Informationen

Beim ersten Beispiel handelt es sich um Tetrahydrofuran, einem Stoff mit Verdacht auf krebserzeugende Wirkung (R40). Außerdem wirkt er reizend auf die Augen und Atmungsorgane (R36/37).

Tabelle 17: Wirkfaktoren-Modell: Stoffbeispiel Tetrahydrofuran

Stoff		Tetrahydrofuran	
CAS-Nr.		109-99-9	
Kennzeichnung (nur R-Sätze für Gesundheitsgefahren)		40-36/37	
Luftgrenzwert [mg/m^3]		150 (AGW aus TRGS 900)	
Wirkfaktoren (W)			**W**
R45, R46, R49, M1, M2, K1, K2		50.000	---
R26, R27, R28, Luftgrenzwert < 0,1 mg/m^3		1.000	---
R32, R60, R61, R$_E$1, R$_E$2, R$_F$1, R$_F$2			---
R35, R48/23, R48/24, R48/25, R42, R43, Sh, Sa, Sah		500	---
R23, R24, R25, R29, R31, R34, R41, H		100	---
R33, R40, R68, K3, M3, pH < 2 bzw. > 11,5			100
R48/20, R48/21, R48/22, R62, R63, R$_E$3, R$_F$3		50	---
R20, R21, R22		10	---
R36, R37, R38, R65, R67		5	5
R66, eingestuft (aber keines der genannten Kriterien) oder mit AGW > 100 mg/m^3		1	1
Stoffe mit bekanntermaßen geringer Gesundheitsgefährdung		0	---
Luftgrenzwert zwischen 0,1 und 100 mg/m^3		100/GW	---
Gesamtergebnis (ist gleich höchster Wert)			**100**

3. Rechtliche Grundlagen und allgemeine Informationen

Das zweite Beispiel behandelt Essigester, der für seine reizende Wirkung (R36) bekannt ist. Außerdem kann wiederholter Kontakt zu spröder oder rissiger Haut führen (R67) und die Dämpfe des Esters können Schläfrigkeit und Benommenheit verursachen (R66).

Tabelle 18: Wirkfaktoren-Modell: Stoffbeispiel Essigester

Stoff	Essigester/Ethylacetat	
CAS-Nr.	141-78-6	
Kennzeichnung (nur R-Sätze für Gesundheitsgefahren)	36-66-67	
Luftgrenzwert [mg/m³]	1.500 (AGW aus TRGS 900)	
Wirkfaktoren (W)		**W**
R45, R46, R49, M1, M2, K1, K2	50.000	---
R26, R27, R28, Luftgrenzwert < 0,1 mg/m³	1.000	---
R32, R60, R61, R_E1, R_E2, R_F1, R_F2		---
R35, R48/23, R48/24, R48/25, R42, R43, Sh, Sa, Sah	500	---
R23, R24, R25, R29, R31, R34, R41, H	100	---
R33, R40, R68, K3, M3, pH < 2 bzw. > 11,5		---
R48/20, R48/21, R48/22, R62, R63, R_E3, R_F3	50	---
R20, R21, R22	10	---
R36, R37, R38, R65, R67	5	5
R66, eingestuft (aber keines der genannten Kriterien) oder mit AGW > 100 mg/m³	1	1
Stoffe mit bekanntermaßen geringer Gesundheitsgefährdung	0	---
Luftgrenzwert zwischen 0,1 und 100 mg/m³	100/GW	---
Gesamtergebnis (ist gleich höchster Wert)		**5**

3. Rechtliche Grundlagen und allgemeine Informationen

Beim letzten Beispiel handelt es sich um den chronisch toxischen Stoff Benzol. Es ist krebserzeugend (R45) und erbgutverändernd (R46). Wird es längere Zeit eingeatmet, verschluckt oder kommt es zu längerem Hautkontakt, wirkt es giftig (R48/23/24/25). Außerdem reizt es die Augen und die Haut (R36/38). Beim Verschlucken kann es Lungenschäden verursachen (R65).

Tabelle 19: Wirkfaktoren-Modell: Stoffbeispiel Benzol

Stoff	Benzol	
CAS-Nr.	71-43-2	
Kennzeichnung (nur R-Sätze für Gesundheitsgefahren)	45-46-36/38-48/23/24/25-65	
Luftgrenzwert [mg/m³]	0,2 (Akzeptanzkonzentration aus TRGS 910)	
Wirkfaktoren (W)		**W**
R45, R46, R49, M1, M2, K1, K2	50.000	50.000
R26, R27, R28, Luftgrenzwert < 0,1 mg/m³	1.000	---
R32, R60, R61, R_E1, R_E2, R_F1, R_F2		---
R35, R48/23, R48/24, R48/25, R42, R43, Sh, Sa, Sah	500	500
R23, R24, R25, R29, R31, R34, R41, H	100	---
R33, R40, R68, K3, M3, pH < 2 bzw. > 11,5		---
R48/20, R48/21, R48/22, R62, R63, R_E3, R_F3	50	---
R20, R21, R22	10	---
R36, R37, R38, R65, R67	5	5
R66, eingestuft (aber keines der genannten Kriterien) oder mit AGW > 100 mg/m³	1	---
Stoffe mit bekanntermaßen geringer Gesundheitsgefährdung	0	---
Luftgrenzwert zwischen 0,1 und 100 mg/m³	100/GW	500
Gesamtergebnis (ist gleich höchster Wert)		**50.000**

3. Rechtliche Grundlagen und allgemeine Informationen

3.7 TRGS 6XX – stoffspezifische TRGS

Aktuell gibt es folgende stoffspezifische Technische Regeln für Gefahrstoffe zum Thema Substitution:

Tabelle 20: Stoffspezifische TRGS zum Thema Substitution

TRGS 602	Ersatzstoffe und Verwendungsbeschränkungen – Zinkchromate und Strontiumchromat als Pigmente für Korrosionsschutz – Beschichtungsstoffe
TRGS 608	Ersatzstoffe, Ersatzverfahren und Verwendungsbeschränkungen für Hydrazin in Wasser- und Dampfsystemen
TRGS 609	Ersatzstoffe, Ersatzverfahren und Verwendungsbeschränkungen für Methyl- und Ethylglykol sowie deren Acetate
TRGS 610	Ersatzstoffe und Ersatzverfahren für stark lösemittelhaltige Vorstriche und Klebstoffe für den Bodenbereich
TRGS 611	Verwendungsbeschränkungen für wassermischbare bzw. wassergemischte Kühlschmierstoffe, bei deren Einsatz N-Nitrosamine auftreten können
TRGS 614	Verwendungsbeschränkungen für Azofarbstoffe, die in krebserzeugende aromatische Amine gespalten werden können
TRGS 615	Verwendungsbeschränkungen für Korrosionsschutzmittel, bei deren Einsatz N-Nitrosamine auftreten können
TRGS 617	Ersatzstoffe für stark lösemittelhaltige Oberflächenbehandlungsmittel für Parkett und andere Holzfußböden
TRGS 618	Ersatzstoffe und Verwendungsbeschränkungen für Chrom(VI)-haltige Holzschutzmittel
TRGS 619	Substitution für Produkte aus Aluminiumsilikatwolle

Auf zwei TRGS in der obigen Tabelle – TRGS 610 und TRGS 617 – wird in → *Kapitel 6 Substitution – Beispiele* genauer eingegangen.

Die genannten TRGS geben **konkrete** Anleitungen, wie der jeweilige Stoff oder die Stoffgruppe ersetzt werden kann. Insofern ist es verwunderlich, dass es nur so **wenige** stoffspezifische TRGS gibt. Eine höhere Anzahl an TRGS zu Ersatzstoffen oder Ersatzverfahren wäre ein sehr **effektives** Mittel, die **Substitution voranzutreiben**. Denn bei Vorhandensein einer TRGS zu einem Stoff oder einer Stoffgruppe sind Verwender und Hersteller „gezwungen", sich mit dem Thema „Substitution" intensiv zu beschäftigen. [Fachartikel Gefahrstoffe in KMU]

Dem aufmerksamen Leser wird vielleicht aufgefallen sein, dass in der **Nummerierung** einige **Ziffern fehlen**, z.B. die Nummern 612 und 613

3. Rechtliche Grundlagen und allgemeine Informationen

für die aufgehobenen TRGS „Ersatzstoffe für dichlormethanhaltige Abbeizer" und „Ersatzstoffe für chromathaltige Zemente".

Der **Wegfall** dieser TRGS ist als **Erfolg** zu werten, denn diese **deutschen** Regeln wurden durch **europäische** Regelungen **ersetzt**: Durch **Anhang XVII der REACH-Verordnung** ist sowohl die Verwendung dichlormethanhaltiger Abbeizer als auch die Verwendung von chromathaltigem Zement **EU-weit verboten**.

Dadurch hat die Zahl der zementbedingten Chromatekzeme deutlich abgenommen und es gibt keine Toten mehr durch dichlormethanhaltige Abbeizer. [Fachartikel Gefahrstoffe in KMU]

Es gibt einen weiteren Grund, warum die Anzahl der TRGS der 600er-Reihe abnimmt: Der **Stand der Technik** hat inzwischen einige der **zu ersetzenden Stoffe überflüssig** gemacht. [Fachartikel Gefahrstoffe in KMU]

Als Beispiel sei hier Trichlorethylen genannt, auf das im ➔ *Kapitel 6 Substitution – Beispiele* genauer eingegangen wird.

4. Grundlagen der Substitution

Die Substitution von Stoffen oder Verfahren ist ein sehr komplexer Prozess. In diesem Kapitel wird beschrieben, welche Aspekte bei einer Substitution zu beachten sind.

4.1 Substitution – Substitutionsprüfung

Oft werden die Begriffe

„Substitution" und

„Substitutions**prüfung**"

miteinander **verwechselt**.

Die Gefahrstoffverordnung fordert im Rahmen der Gefährdungsbeurteilung „zunächst" eine Substitutionsprüfung – also eine **Prüfung** auf **Möglichkeiten** einer Substitution:

> **§ 6 Informationsermittlung und Gefährdungsbeurteilung**
>
> (8) Der Arbeitgeber hat die Gefährdungsbeurteilung (…) zu dokumentieren; dabei sind anzugeben (…)
>
> 2. das **Ergebnis der Prüfung auf Möglichkeiten** einer **Substitution** (…)

Die Durchführung, also die Substitution selbst, gilt als **vorrangige** Maßnahme, um Gesundheit und Sicherheit der Beschäftigten sicherzustellen:

> **§ 7 Grundpflichten**
>
> (3) Der Arbeitgeber hat auf der **Grundlage** des Ergebnisses der **Substitutionsprüfung** (…) **vorrangig** eine **Substitution** durchzuführen. Er hat Gefahrstoffe oder Verfahren durch Stoffe, Zubereitungen oder Erzeugnisse oder Verfahren zu ersetzen, die unter den jeweiligen Verwendungsbedingungen für die Gesundheit und Sicherheit der Beschäftigten nicht oder weniger gefährlich sind.

Merksatz 11: Möglichkeiten einer Substitution prüfen und dokumentieren

Es geht zunächst darum, die **Möglichkeiten einer Substitution zu prüfen**. Eine Substitutionsprüfung kann auch zu dem **Ergebnis** führen, dass eine **Substitution nicht möglich** ist.

4. Grundlagen der Substitution

4.2 Prüfung vor Aufnahme der Tätigkeit

Eine Substitutionsprüfung – als Bestandteil der Gefährdungsbeurteilung – muss immer **vor Aufnahme** der Tätigkeit durchgeführt und dokumentiert werden.

> **§ 6 Informationsermittlung und Gefährdungsbeurteilung**
>
> (8) Der Arbeitgeber hat die Gefährdungsbeurteilung (…) erstmals **vor Aufnahme der Tätigkeit zu dokumentieren** (…)

4.3 Prüfung am Beginn der Produktentwicklung

Bereits bei „**kleinvolumigen**" Labormengen („**Milliliter**") sollte im Rahmen der **Produktentwicklung** eine Substitution berücksichtigt werden.

Darauf wird z.B. in der DGUV Information 213-850 hingewiesen:

> **3.6 Substitution von Gefahrstoffen**
>
> **Produktentwicklung**
>
> Bei der **Produktentwicklung** sollte **bereits im Labor** berücksichtigt werden, ob nicht **Gefahrstoffe eingesetzt** werden, die in **späteren** Stadien der Entwicklung, Produktion oder Vermarktung **problematisch** sein können.

Werden dann in der **Produktion größere** Mengen („**Kubikmeter**") hergestellt oder verwendet, ist es wesentlich aufwendiger, diese Stoffe zu ersetzen.

4.4 Prüfung je nach Menge

Oft gibt es für „**geringe**" Mengen **Erleichterungen**, z.B. in Bezug auf **Schutzmaßnahmen**.

Dies gilt aber **nicht** für die Substitutionsprüfung.

Merksatz 12: Substitution: keine Ausnahme für „geringe" Mengen

> Die Verpflichtung zur Substitutionsprüfung gilt für **ALLE (!) Mengenbereiche**, **auch für geringe** Mengen (Einsatz von nur „wenigen" Millilitern oder Gramm im Labor).

4. Grundlagen der Substitution

Auf der anderen Seite der Skala stehen die großen Mengen im Kubikmeter- bzw. Tonnenbereich. Bei vielen zu überprüfenden Stoffen sollte aus Gründen der Effizienz auch die **Menge als Auswahlkriterium** mit berücksichtigt werden, indem man die Substitutionsprüfung mit den meistverkauften Produkten beginnt.

Ein weitaus **größeres Gewicht** für die Substitutionsprüfung sollten aber Kriterien wie die **gesundheitlichen Gefahren** haben, die von den Stoffen bzw. Gemischen ausgehen.

Informationen zur Bewertung der gesundheitlichen Gefahren ➔ *Kapitel 3.5 Spaltenmodell der TRGS 600.*

4.5 Dokumentation

Eine Substitutionsprüfung als Bestandteil der Gefährdungsbeurteilung muss **dokumentiert** werden.

> **§ 6 Informationsermittlung und Gefährdungsbeurteilung**
> (8) Der Arbeitgeber hat die Gefährdungsbeurteilung (...) **zu dokumentieren** (...)

Genaue Vorgaben, wie eine Dokumentation aussehen kann, sind weder in der Gefahrstoffverordnung noch in der TRGS 600 näher beschrieben. Die TRGS 600 verweist jedoch auf die **Möglichkeit**, die Substitutionsprüfung in ein **erweitertes Gefahrstoffverzeichnis** aufzunehmen. Bei der Frage, wie das **Ergebnis** einer Substitution **formuliert** werden kann, gibt die TRGS zudem Hilfestellungen in Form von **Standardsätzen**:

> **6 Dokumentation**
> (2) Die **Dokumentation** des Ergebnisses der Prüfung auf Möglichkeiten zur Substitution erfolgt sinnvollerweise im **Zusammenhang** mit der Dokumentation der anderen Teile der **Gefährdungsbeurteilung** (siehe TRGS 400). Eine **Form ist nicht vorgeschrieben.** Als eine Möglichkeit kann zum Beispiel das **Gefahrstoffverzeichnis um weitere Spalten/Felder ergänzt werden**, aus denen
> – der **Zeitpunkt** der Überprüfung,
> – das **Ergebnis** und
> – die **Fundstelle** ergänzender Dokumente
> hervorgehen. Die **Ergebnisse der Substitutionsprüfung** können durch **Standardsätze** beschrieben werden, z.B.:

4. Grundlagen der Substitution

> 1. Möglichkeiten einer Substitution sind …
> 2. Keine Möglichkeiten einer Substitution.
> 3. Lösung ist bereits Ersatzlösung.

Bei **krebserzeugenden, erbgutverändernden und fruchtbarkeitsgefährdenden Gefahrstoffen** der Kategorien 1 oder 2 (CLP-Verordnung: 1A oder 1B) – zusätzlich geregelt in § 10 der Gefahrstoffverordnung – müssen überdies die **Gründe** angeführt werden, warum eine **mögliche** Substitution **nicht** umgesetzt wird. Auch für die **Begründung** können wieder **Standardsätze** aus der TRGS 600 verwendet werden.

6 Dokumentation

(3) Ergibt die Substitutionsprüfung bei Tätigkeiten, für die ergänzende Schutzmaßnahmen nach **§ 10 GefStoffV** zu treffen sind, **Möglichkeiten** einer Substitution, **ohne** dass diese **umgesetzt** werden, so sind die **Gründe zu dokumentieren**. Dies kann in Form von **Standardsätzen** geschehen, z.B.

1. Ersatzlösung technisch **nicht** geeignet, weil …
2. Ersatzlösung verringert Gefährdung **nicht** ausreichend, weil …
3. Ersatzlösung betrieblich **nicht** geeignet, weil …
4. Ersatzlösung eingeleitet, erneute Prüfung bis …

Praxistipp 6: Gefahrstoffverzeichnis aktuell halten

Bereits bei der **Aufnahme von neuen Stoffen oder Gemischen** in das Gefahrstoffverzeichnis sollte **überprüft** werden, ob eine **Substitution** möglich ist.

Die **regelmäßige Aktualisierung** des Gefahrstoffverzeichnisses hilft, die Stoffe oder Gemische zu **erkennen**, die **bevorzugt substituiert** werden sollten (z.B. Kennzeichnung als krebserzeugend oder erbgutverändernd: H350(i) oder H340).

Auch im Labor ist die Substitutionsprüfung zu dokumentieren:

3.8 Dokumentation

Dokumentation im Gefahrstoffverzeichnis

Die **Dokumentation** der **Substitutionsprüfung** kann im **Gefahrstoffverzeichnis** als Anlage zur Gefährdungsbeurteilung erfolgen, das um einen Vermerk zur Durchführung der Prüfung und um die Begründung bei Verzicht auf Substitution ergänzt wird.

4. Grundlagen der Substitution

Handelt es sich dabei um eine **einfache und objektiv nachvollziehbare Begründung** wie der Verwendung eines Stoffes als Ausgangsstoff, um an diesem Molekül chemische Reaktionen vorzunehmen, so genügt in der Regel ein **pauschaler Verweis** auf einen solchen Text bei dem jeweiligen Stoff. Es müssen dann nur noch **gesonderte Ausführungen** dort gemacht werden, wo die Begründung sich nicht auf einen so einfachen Sachverhalt zurückführen lässt.

Im folgenden **Dokumentationsbeispiel** wird gezeigt, wie ein **Gefahrstoffverzeichnis** mithilfe der oben genannten **Standardsätze** aus der TRGS 600 **ergänzt** werden kann, um gleichzeitig die Substitutionsprüfung zu dokumentieren.

Beginnen wir mit den sogenannten **Mindestangaben** eines Gefahrstoffverzeichnisses, die wie folgt definiert sind:

> § 6 Informationsermittlung und Gefährdungsbeurteilung
>
> (10) Der Arbeitgeber hat ein **Verzeichnis** der im Betrieb verwendeten **Gefahrstoffe** zu führen, in dem auf die entsprechenden Sicherheitsdatenblätter verwiesen wird. Das Verzeichnis muss **mindestens** folgende **Angaben** enthalten:
> 1. **Bezeichnung** des Gefahrstoffs,
> 2. Einstufung des Gefahrstoffs oder **Angaben zu den gefährlichen Eigenschaften**,
> 3. Angaben zu den im Betrieb verwendeten **Mengenbereichen**,
> 4. Bezeichnung der **Arbeitsbereiche**, in denen Beschäftigte dem Gefahrstoff ausgesetzt sein können.

Tabelle 21: Gefahrstoffverzeichnis – Mindestangaben, Quelle: [C&L-Datenbank]

Gefahrstoffverzeichnis – Arbeitsbereich: Labor		
Gefahrstoffbezeichnung	gefährliche Eigenschaften: H-Sätze	Mengenbereich
1. Methanol (MeOH)	H225; H301+311+331; H370	Liter
2. Ethanol (EtOH)	H225	Liter
3. Benzol	H225; H350; H340; H372; H304; H319; H315	Milliliter

4. Grundlagen der Substitution

Da eine Substitution stark vom **Verwendungszweck** abhängig ist, erhält ein Stoff im Gefahrstoffverzeichnis sinnvollerweise **pro** Verwendungszweck eine **eigene** Zeile (hier: Methanol: Zeilen 1a und 1b).

Der Verwendungszweck wird in **zusätzlichen** Spalten dokumentiert, die **hinter** den Spalten der Mindestangaben angefügt werden.

Tabelle 22: Gefahrstoffverzeichnis – ergänzt um Verwendungszweck

Gefahrstoffverzeichnis – Arbeitsbereich: Labor		Verwendungszweck				
Gefahrstoffbezeichnung	(…)	Lösemittel	Ausgangs-/ Einsatzstoff	analytischer Standard	Stoff ist bereits Ersatzstoff für	Sonstiges
1a. Methanol (MeOH)	(…)	x				
1b. Methanol (MeOH)	(…)		x			
2. Ethanol (EtOH)	(…)	x			1a.	
3. Benzol	(…)			x		

Die Dokumentation der Entscheidung **für** oder **gegen** eine Substitution erfolgt ebenfalls in **zusätzlichen** Spalten, die **hinter** den Spalten des Verwendungszwecks angefügt werden können.

Tabelle 23: Gefahrstoffverzeichnis – ergänzt um Ergebnis der Substitutionsprüfung mit Substitution

Gefahrstoffverzeichnis – Arbeitsbereich: Labor	(…)	Substitutionsprüfung: Möglichkeiten einer Substitution							
				ERGEBNIS: Substitution ist					
Gefahrstoffbezeichnung	(…)	Zeitpunkt der Überprüfung	Bezeichnung Ersatzstoff	technisch möglich?			realisiert?		
				ja	nein	sonst.	ja	nein	sonst.
1a. Methanol (MeOH)	(…)	2013/06	Ethanol	x			x		
1b. Methanol (MeOH)	(…)	2013/06	---		x			x	
2. Ethanol (EtOH)	(…)	2013/11	---					n.a.	n.a.
3. Benzol	(…)	2013/11	---		x			x	

4. Grundlagen der Substitution

Die Gefahrstoffverordnung fordert bei einigen Stoffen bzw. Tätigkeiten die **Begründung** für einen **Verzicht** auf eine **technisch mögliche Substitution:**

> **§ 6 Informationsermittlung und Gefährdungsbeurteilung**
>
> (8) Der Arbeitgeber hat die Gefährdungsbeurteilung (…) zu dokumentieren; dabei sind anzugeben (…)
>
> 3. eine **Begründung** für einen **Verzicht** auf eine technisch mögliche **Substitution, sofern Schutzmaßnahmen nach § 9 oder § 10 zu ergreifen** sind.

In den §§ 9 und 10 der Gefahrstoffverordnung werden **zusätzliche** bzw. **besondere** Schutzmaßnahmen beschrieben.

§ 9 der Gefahrstoffverordnung bezieht sich dabei u.a. auf die **Überschreitung von Grenzwerten** (z.B. Arbeitsplatzgrenzwerte oder biologische Grenzwerte) oder wenn von bestimmten **Gefährdungsarten** ausgegangen werden muss:

> **§ 9 Zusätzliche Schutzmaßnahmen**
>
> (1) Sind die allgemeinen Schutzmaßnahmen nach § 8 **nicht** ausreichend, um Gefährdungen durch Einatmen, Aufnahme über die Haut oder Verschlucken entgegenzuwirken, hat der Arbeitgeber **zusätzlich** diejenigen **Maßnahmen** nach den Absätzen 2 bis 7 zu ergreifen, die auf Grund der Gefährdungsbeurteilung nach § 6 erforderlich sind. Dies gilt insbesondere, wenn
>
> 1. **Arbeitsplatzgrenzwerte** oder **biologische Grenzwerte überschritten** werden,
> 2. bei **hautresorptiven** oder **haut- oder augenschädigenden** Gefahrstoffen eine **Gefährdung** durch **Haut- oder Augenkontakt besteht** oder
> 3. bei Gefahrstoffen **ohne** Arbeitsplatzgrenzwert und **ohne** biologischen Grenzwert eine **Gefährdung** auf Grund der ihnen zugeordneten Gefährlichkeitsmerkmale nach § 3 und der **inhalativen Exposition angenommen** werden kann.

§ 10 der Gefahrstoffverordnung bezieht sich auf Tätigkeiten mit **krebserzeugenden, erbgutverändernden und fruchtbarkeitsgefährdenden Gefahrstoffen der Kategorien 1 oder 2** (CLP-Verordnung: 1A oder 1B).

4. Grundlagen der Substitution

Tabelle 24 zeigt den Fall auf, dass eine Substitution technisch möglich ist, aber nicht realisiert wurde. Dabei sind die Vorgaben aus den §§ 9 und 10 der Gefahrstoffverordnung wie folgt zusammengefasst:
Begründung „verpflichtend bei $CMR_{(F)}$, Kategorien 1A oder 1B, oder Grenzwertüberschreitung, Gefährdung durch Haut- oder Augenkontakt oder inhalative Exposition, wenn (!) Substitution technisch möglich ist, aber nicht realisiert wurde".

Tabelle 24: Gefahrstoffverzeichnis – ergänzt um Ergebnis der Substitutionsprüfung ohne Substitution, ggf. mit Begründung

Gefahrstoffverzeichnis – Arbeitsbereich: Labor	(...)	Begründung*)			
Gefahrstoffbezeichnung	(...)	Ersatzstoff			Quellen**)
		verringert Gefährdung nicht ausreichend, weil	betrieblich nicht geeignet, weil	Sonstige Begründung	
1a. Methanol (MeOH)	(...)				
1b. Methanol (MeOH)	(...)				
2. Ethanol (EtOH)	(...)				
3. Benzol	(...)			Standardmethode für Analyse von Benzol im Abwasser	DIN EN xxx

*) verpflichtend bei $CMR_{(F)}$, Kategorien 1A oder 1B, oder Grenzwertüberschreitung, Gefährdung durch Haut- oder Augenkontakt oder inhalative Exposition, wenn (!) Substitution technisch möglich ist, aber nicht realisiert wurde
**) verpflichtend bei $CMR_{(F)}$, Kategorien 1A oder 1B, wenn keine Möglichkeiten einer Substitution identifiziert wurden

Bei Tätigkeiten mit $CMR_{(F)}$-Gefahrstoffen der Kategorien 1 oder 2 (CLP-Verordnung: 1A oder 1B) müssen **zusätzlich** die **Quellen genannt** werden, die zur Prüfung herangezogen wurden, wenn **keine** Möglichkeiten einer Substitution identifiziert wurden.

Nähere Informationen hierzu ➔ *Kapitel 4.19.3 $CMR_{(F)}$: Quellenangabe bei fehlenden Substitutionsmöglichkeiten.*

Bei der **Angabe von Quellen** ist es hilfreich, oft genannte Quellen mit **Abkürzungen** zu belegen und in einer **Fußnote** die Abkürzungen zu erläutern. Anbei ein paar Beispiele für Quellenangaben:

4. Grundlagen der Substitution

Tabelle 25: Codes für Quellen

Abkürzungen	Überprüfte Dokumente, Fundstellen	Quellen
SDB	aktuell gültiges Sicherheitsdatenblatt	www.hersteller xxxx
TRGS 6XX	aktuelle Liste der stoffspezifischen TRGS 6XX	http://www.baua.de/de/ Themen-von-A-Z/Gefahrstoffe/ TRGS/TRGS.html
IFA-GHS	Das GHS-Spaltenmodell 2014 – Eine Hilfestellung zur Substitutionsprüfung nach Gefahrstoffverordnung	www.dguv.de/ifa: Praxishilfen → GHS-Spaltenmodell zur Suche nach Ersatzstoffen
SUBSPORT	SUBSPORT-Internetportal	http://www.subsport.eu/?lang=de
EGU	Empfehlungen Gefährdungsermittlung der Unfallversicherungsträger (EGU)	www.dguv.de/ifa → Praxishilfen → Empfehlungen Gefährdungsermittlung der Unfallversicherungsträger (EGU)
GIG	Gefahrstoffe im Griff: Ersatzstoffe/Ersatzverfahren	http://www.gefahrstoffe-im-griff.de/

Alle Ergänzungen zusammengefasst ergeben in unserem **Beispiel** das **Gefahrstoffverzeichnis** auf der folgenden Seite.

Diese Art der Dokumentation dürfte aber insbesondere in **Forschungslaboratorien** zu **aufwendig** sein. Sie muss auch nicht so detailliert wie in dem aufgeführten Beispiel sein.

Man kann z.B. auch anhand von **pauschalen Verweisen nachvollziehbar begründen**, warum auf eine detaillierte Dokumentation bzw. auf eine **Substitution verzichtet** wird.

4. Grundlagen der Substitution

Gefahrstoffverzeichnis – Arbeitsbereich: Labor				Verwendungszweck				Substitutionsprüfung: Möglichkeiten einer Substitution								Begründung*)			Quellen**)
Gefahrstoff-bezeichnung	gefährliche Eigen-schaften: H-Sätze	Mengen-be-reich	Löse-mittel	Aus-gangs-/ Einsatz-stoff	analy-tischer Standard	Stoff ist bereits Ersatzstoff für	Sons-tiges	Zeitpunkt der Über-prüfung	Bezeich-nung Ersatz-stoff	ERGEBNIS: Substitution ist						Ersatzstoff		Sonstige Begründung	
										technisch möglich?			realisiert?			verringert Gefährdung nicht aus-reichend, weil	betrieblich nicht geeignet, weil		
										ja	nein	sonst.	ja	nein	sonst.				
1a. Methanol (MeOH)	H225; H301+311+331; H370	Liter	x					2013/06	Ethanol	x			x						
1b. Methanol (MeOH)	H225; H301+311+331; H370	Liter	x	x				2013/06	---		x			x					
2. Ethanol (EtOH)	H225	Liter			x	1a.		2013/11	---			n.a.			n.a.				
3. Benzol	H225; H350; H340; H372; H304; H319; H315	Milli-liter			x			2013/11	---		x			x			Standard-methode für Analyse von Benzol im Abwasser	DIN EN xxx

*) verpflichtend bei CMR$_{(F)}$, Kategorien 1A oder 1B, oder Grenzwertüberschreitung, Gefährdung durch Haut- oder Augenkontakt oder inhalative Exposition, wenn (I) Substitution technisch möglich ist, aber nicht realisiert wurde.
**) verpflichtend bei CMR$_{(F)}$, Kategorien 1A oder 1B, wenn keine Möglichkeiten einer Substitution identifiziert wurden

4. Grundlagen der Substitution

3.8 Dokumentation
Dokumentation und Aktualisierung der Gefährdungsbeurteilung

(...) Im Falle von Tätigkeiten mit geringer Gefährdung nach § 7 Abs. 9 der Gefahrstoffverordnung ist **keine detaillierte** Dokumentation erforderlich. In allen **anderen** Fällen ist **nachvollziehbar zu begründen**, wenn auf eine detaillierte **Dokumentation verzichtet** wird. (...)

Dokumentation im Gefahrstoffverzeichnis

Die **Dokumentation** der Substitutionsprüfung kann im Gefahrstoffverzeichnis als **Anlage zur Gefährdungsbeurteilung** erfolgen, das um einen Vermerk zur Durchführung der Prüfung und um die **Begründung bei Verzicht** auf **Substitution** ergänzt wird. Handelt es sich dabei um eine **einfache** und objektiv **nachvollziehbare Begründung** wie der Verwendung eines Stoffes als Ausgangsstoff, um an diesem Molekül chemische Reaktionen vorzunehmen, so **genügt in der Regel ein pauschaler Verweis** auf einen solchen Text bei dem jeweiligen Stoff

DGUV Information 213-850

Ein Beispiel inklusive **nachvollziehbarer Begründung**, warum auf eine detaillierte **Dokumentation** bzw. auf eine **Substitution verzichtet** wird, könnte z.B. wie folgt aussehen:

Beispiel: Substitutionsprüfung in Forschungslaboratorien

Die Arbeitssituation stellt sich wie folgt dar:

- ständig **wechselnde** Tätigkeiten, chemische Synthesen
- **wenig** Routinetätigkeiten
- **geringe** Tätigkeitsdauern
- **viele verschiedene** Gefahrstoffe mit verschiedenen Verwendungszwecken/Funktionen (z.B. Lösemittel, Einsatz- bzw. Ausgangsstoffe für chemische Reaktionen, analytische Standards)
- im Allgemeinen nur **geringe** Mengen (Gramm- oder Milliliter-Bereich)

Aufgrund der oben beschriebenen **Arbeitssituation** erfolgt keine detaillierte Dokumentation der Substitutionsprüfung, d.h. es erfolgt **keine** Substitutionsprüfung bezogen auf jeden **einzelnen** Gefahrstoff.

Eine detaillierte Dokumentation wird nur für Gefahrstoffe durchgeführt, auf die die oben genannte Beschreibung der Arbeitssituation nicht zutrifft, wie z.B. Trockenmittel, Reinigungsmittel etc.

4. Grundlagen der Substitution

Gemäß DGUV Information 213-850 wird die **Exposition** bei Tätigkeiten mit Gefahrstoffen durch entsprechende **Arbeitsweise im Laborabzug** oder in der **Glovebox vermieden.** Für Wägevorgänge, die durch Luftströmungen gestört werden können, sind spezielle Abzüge und **Einhausungen** verfügbar (siehe Kapitel 5.1.7 der DGUV Information 213-850).

Gefährdungen der Gesundheit und Sicherheit werden auf ein Minimum reduziert durch die Anwendung von geeigneten Schutzmaßnahmen. Dabei haben gemäß der Rangfolge der Schutzmaßnahmen die technischen Maßnahmen Vorrang vor den organisatorischen sowie den persönlichen Schutzmaßnahmen.

Wenn aber Produkte in **spätere Stadien** der Entwicklung, Produktion oder Vermarktung eintreten, ergibt sich die folgende Arbeitssituation, die eine **Substitutionsprüfung** bezogen auf die einzelnen Gefahrstoffe und das Verfahren an sich zur Folge hat:

- Tätigkeiten, die sich öfters **wiederholen**
- **mehr** Routinetätigkeiten
- **längere** Tätigkeitsdauern
- **geringere Anzahl** von Gefahrstoffen mit begrenzten Verwendungszwecken/Funktionen
- **höhere** Mengen (z.B. Kilogramm- oder Liter-Bereich)

Bei der **Substitutionsprüfung** wird auch berücksichtigt, ob nicht Gefahrstoffe eingesetzt werden können, die in späteren Stadien der Entwicklung, Produktion oder Vermarktung weniger problematisch sein können.

4. Grundlagen der Substitution

4.6 Beteiligung von Fachleuten

Eine Substitutionsprüfung kann ein komplexer Prozess sein, bei dem **viele Aspekte** beachtet werden müssen. Auch sind **Kenntnisse** aus unterschiedlichen Bereichen notwendig.

Auf der einen Seite sind **Experten**, z.B.

- Toxikologen,
- Sicherheitsfachkräfte oder
- Betriebsärzte,

in die Substitutionsprüfung einzubinden.

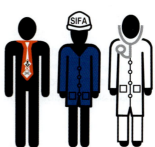

Diese Experten müssen ausreichende **Kenntnisse** und Erfahrungen zu folgenden Aspekten haben:

- **Gefährdungen**, die von den Stoffen und Gemischen ausgehen,
- **Schutzmaßnahmen**, die je nach Gefährdung notwendig und ausreichend wirksam sind.

Aber auch **Verantwortliche des Betriebes** sind in die Substitutionsprüfung mit einzubeziehen, z.B.

- Meister,
- Laborleiter oder
- Betriebsleiter.

 vorhanden:
 ☐ ja   ☐ nein

 vorhanden:
 ☐ ja   ☐ nein

Nur sie kennen sich genau mit der bereits **im Betrieb vorhandenen** Verfahrens- und Sicherheitstechnik und den vorhandenen Schutzmaßnahmen aus.

Die an der Substitutionsprüfung zu beteiligenden Experten und Verantwortlichen werden in der TRGS 600 als **Fachleute** bezeichnet:

4. Grundlagen der Substitution

3 Beteiligung von Fachleuten

(1) Für die Analyse und Bearbeitung unterschiedlicher Aspekte ist es gegebenenfalls nötig, **Fachleute** mit ausreichenden **Kenntnissen** zu **unterschiedlichen Aspekten** der Substitutionsprüfung und bei der Erarbeitung der Substitutionslösungen zu **beteiligen**. Relevante **Qualifikationen** sind zum Beispiel **Kenntnisse** über

1. **Gefährdung** durch Stoffe – gesundheitliche, sicherheitstechnische und umweltbezogene Eigenschaften,
2. **Verfahrenstechnik** und **praktische Produktionserfahrung**,
3. **Gefährdungsbeurteilung** und Aufwand für **Schutzmaßnahmen**,
4. Auswirkungen der Substitution auf die Wertschöpfungskette (z.B. **Kundenakzeptanz**) und
5. **Kenntnisse** im **Regelwerk**.

(2) Zusätzlich sollten Informationen, die in der gesamten Prozesskette (z.B. Hersteller von Maschinen, Abnehmer der Produkte, Vorlieferanten) vorhanden sind, genutzt werden.

Merksatz 13: Substitutionsprüfung = Teamwork

Eine Substitutionsprüfung ist **nur erfolgreich in einem Team**, in dem jeder sein spezifisches Wissen einbringt.

4.7 Aufwand zu Beginn

Aufgrund des **zusätzlichen Aufwands** ist die Anfangsphase einer Substitution oft mit vielen **Hemmnissen** verbunden.

Der **Erfolg** einer Substitution sollte **nie kurzfristig,** sondern **immer mittel- bis langfristig** betrachtet werden.

Anlage 4 Vorgehensweise bei der Erarbeitung von Substitutionsempfehlungen für Gefahrstoffe, Tätigkeiten oder Verfahren

2 Problemdefinition – Abwägung von Chancen und Risiken von Substitutionsmöglichkeiten

(5) **Hemmnisse** in der **Anfangsphase** der Einführung von Substitutionslösungen können auch ein **höherer Preis** und der **Aufwand für betriebliche Anpassungen** sein. Die Betrachtung der **mittelfristigen Gesamtkosten** für das betroffene Produkt oder den betroffenen Prozess ist aber oft geeignet, dieses **Problem zu relativieren**.

4. Grundlagen der Substitution

Unternehmen können durch die Herstellung von sicheren Produkten ihr **grünes und innovatives Image** als **Wettbewerbsvorteil** nutzen. [SUBSPORT-Leitlinien]

Manche amerikanische oder japanische Unternehmen befürchten inzwischen schon, dass Unternehmen in der EU aufgrund der Substitution so **innovativ** werden, dass sie die **Konkurrenz abhängen** werden. [ECHA-Newsletter Substitution & Innovation]

4.8 Höhere Kosten

Oft wird eine Substitution mit der Begründung abgelehnt, dass die **höheren Kosten nicht zu vertreten seien.**

Aber: Für die **Ablehnung** einer Substitution reicht z.B. bei Stoffen mit **hoher Gefährdung** das Argument „höhere Kosten" **nicht** immer aus.

> **Anlage 3 Kriterien für die Realisierung der Substitution: Abwägungsgründe für den betrieblichen Einsatz von Ersatzlösungen und zur erweiterten Bewertung**
>
> **1 Abwägungsgründe für den betrieblichen Einsatz von Ersatzlösungen**
>
> (11) Es ist jedoch hervorzuheben, dass **höhere Kosten** einer Ersatzlösung **nicht automatisch zur Beurteilung „nicht anzuwenden"** führen können. Insbesondere wenn die zu ersetzenden Stoffe eine **hohe Gefährdung** auslösen, ist der **Verringerung der Gefährdung** ein **hohes Gewicht** beizumessen.

Woher weiß man, dass von dem zu ersetzenden Stoff eine **hohe Gefährdung** ausgeht?

Hier hilft das Spaltenmodell weiter, mit dem z.B. erkannt werden kann, dass **krebserzeugende oder erbgutverändernde Stoffe** der **Gefahrenstufe „sehr hoch"** zugeordnet werden (➔ *Kapitel 3.5 Spaltenmodell*).

4. Grundlagen der Substitution

4.9 Reduzierung von Schutzmaßnahmen

Eine **Substitution** ermöglicht in vielen Fällen eine **Reduzierung** der weiteren **Schutzmaßnahmen**.

TRGS 600

> **Anlage 4 Vorgehensweise bei der Erarbeitung von Substitutionsempfehlungen für Gefahrstoffe, Tätigkeiten oder Verfahren**
>
> **2 Problemdefinition – Abwägung von Chancen und Risiken von Substitutionsmöglichkeiten**
>
> (2) Der große **Vorteil** der Substitution liegt in der Möglichkeit, das **Gesamtgefährdungspotential** von chemischen Stoffen oder Verfahren grundlegend zu **reduzieren**. Dies kann gegebenenfalls den **Aufwand** zur Einhaltung einer Vielzahl gesetzlich vorgeschriebener und **kostenaufwendiger Schutzmaßnahmen verringern**, die ansonsten die Tätigkeiten mit gefährlichen Stoffen regeln.

Schutzmaßnahmen, die **entfallen** können, sind z.B.

- **Brandabschnitte,**
- **Löschanlagen,**
- **Absauganlagen oder**
- **spezielle Lagerschränke.**

Angesichts dieser **Kosteneinsparpotenziale** erfährt die Substitutionspflicht eine ganz andere **Wertschätzung** durch viele Unternehmer. [Fachartikel Beratung Gefahrstoffe] Denn: Der zu **Beginn** einer Substitutionsprüfung befürchtete **Aufwand** und die damit verbundenen **Kosten relativieren** sich aufgrund der entfallenen Schutzmaßnahmen.

Auch weitere Schutzmaßnahmen wie Absaug- und Lüftungsanlagen oder persönliche Schutzausrüstungen und die mit ihnen verbundenen Ausgaben können **reduziert** werden. Nähere Informationen geben hierzu „10 goldene Regeln zur Staubbekämpfung", insbesondere Regel 2: Staubarme Materialien verwenden. [Staub Regeln]

Wenn die Substitution z.B. von krebserzeugenden Stoffen gelingt, entfallen Schutzmaßnahmen wie z.B. geschlossene Systeme oder spezielle persönliche Schutzausrüstung. [Fachartikel Arzneimittel]

Ein Beispiel im Detail:

Bei Tätigkeiten mit einem „**krebserzeugenden**" Stoff ist ein **geschlossenes** System als technische Schutzmaßnahme notwendig.

Gleichzeitig muss bei bestimmten Tätigkeiten, z.B. Probenahme, zusätzlich eine spezielle persönliche Schutzausrüstung in Form von **Atemschutz und Handschuhen** getragen werden, in Verbindung mit der Nutzung einer **Quellenabsaugung**.

4. Grundlagen der Substitution

Daraus ergeben sich **weitere organisatorische** Schutzmaßnahmen, wie z.B. **Unterweisungen**
- zur richtigen **Positionierung** der **Quellenabsaugung**,
- zum richtigen Einsatz von **Atemschutz**,
- zum richtigen Tragen von **Handschutz**.

Es sind also für die Tätigkeiten mit dem krebserzeugenden Stoff **viele** Schutzmaßnahmen notwendig.

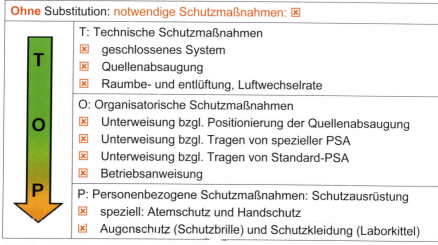

Abbildung 5: Schutzmaßnahmen ohne Substitution

Kann man den **krebserzeugenden** Stoff durch einen „**nicht** krebserzeugenden" Stoff **ersetzen**, können **einige** der oben genannten **Schutzmaßnahmen** beim Einsatz des „weniger gefährlichen" Stoffes entfallen:

- Bei den **technischen** Schutzmaßnahmen ist **nur noch** eine **Raumbe- und -entlüftung** statt des geschlossenen Systems und der Quellenabsaugung notwendig.
- Bei den **organisatorischen** Schutzmaßnahmen ist **nur noch** eine Betriebsanweisung notwendig. Die **Unterweisungen** zur „Positionierung der Quellenabsaugung" und zum „Tragen von Atemschutz und Handschutz" und was dabei zu beachten ist sind eventuell **nicht** mehr notwendig.
- **Spezielle persönliche** Schutzausrüstung in Form von **Atemschutz und Handschuhen** bei der Probenahme kann sogar **ganz** entfallen.

4. Grundlagen der Substitution

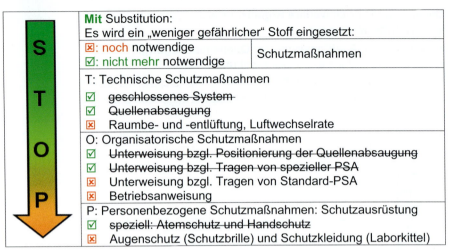

Abbildung 6: Notwendige Schutzmaßnahmen nach erfolgter Substitution

Die „STOP-Rangfolge" der Schutzmaßnahmen ist in § 7 Abs. 4 der Gefahrstoffverordnung beschrieben: Die Substitution steht dabei an **ERSTER** Stelle *(→ Tabelle 34 auf S. 101: STOP-Prinzip/-Rangfolge aus der Gefahrstoffverordnung).*

Oft wird aber eher die „**POTS-Rangfolge" praktiziert**, bei der die Substitution an **LETZTER** Stelle steht:

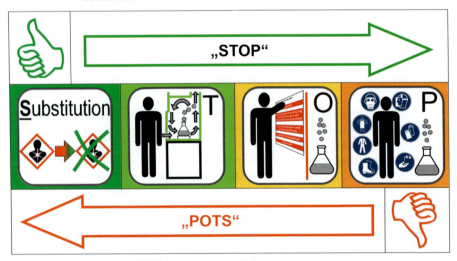

Abbildung 7: STOP- bzw. POTS-Rangfolge der Schutzmaßnahmen

4. Grundlagen der Substitution

Merksatz 14: Rangfolge: STOP statt POTS

> Die oft gelebte Praxis der **„POTS"-Rangfolge** muss durch die gesetzlich vorgegebene **„STOP"-Rangfolge ersetzt** werden.
>
> Damit können unter Umständen einige Schutzmaßnahmen ganz **entfallen**. Zumindest ist aber in vielen Fällten eine **Reduzierung** von Schutzmaßnahmen, z.B. beim Atemschutz, möglich.

4.10 Überschreitung von Arbeitsplatzgrenzwerten

Was ist der Nutzen einer Substitution, wenn trotzdem weiterhin **Arbeitsplatzgrenzwerte überschritten** werden?

Die Gefahrstoffverordnung schreibt bei einer Überschreitung von Arbeitsplatzgrenzwerten die Bereitstellung und Verwendung **persönlicher Schutzausrüstung** für den Fall vor, dass die **Grenzwertüberschreitung** nicht durch technische und organisatorische Maßnahmen **verhindert** werden kann.

Bei **persönlicher Schutzausrüstung**, wie z.B. dem Atemschutz, gibt es aber viele verschiedene Arten. Wenn durch die Reduzierung der Staubkonzentration eine **geringere Klasse** mit **geringerem Schutzfaktor** ausreicht, ist damit oft auch eine **geringere Belastung** für die Beschäftigten (z.B. durch geringeren Atemwiderstand) verbunden.

Merksatz 15: Eine Substitution muss nicht immer 100 %ig sein

> ➢ **Jeder Stoff** oder **jedes Verfahren**, der bzw. das für die Gesundheit und Sicherheit der Beschäftigten **weniger** gefährlich ist, z.B. aufgrund geringerer Luftkonzentrationen, ist **bevorzugt einzusetzen**.
>
> ➢ Auch wenn **Arbeitsplatzgrenzwerte weiterhin überschritten** werden, ist immer eine Reduzierung der Luftkonzentrationen anzustreben, die eventuell auch mit der **Reduzierung von Schutzmaßnahmen** verbunden sein kann.

Außerdem ist zu beachten, dass bei **Überschreitung** von Arbeitsplatzgrenzwerten – zusätzlich geregelt in § 9 der Gefahrstoffverordnung – ein **Verzicht** auf eine technisch mögliche Substitution **begründet** werden muss.

4. Grundlagen der Substitution

§ 6 Informationsermittlung und Gefährdungsbeurteilung

(8) Der Arbeitgeber hat die Gefährdungsbeurteilung (…) zu dokumentieren; dabei sind anzugeben (…)

3. eine **Begründung** für einen **Verzicht** auf eine technisch mögliche **Substitution, sofern Schutzmaßnahmen nach § 9 oder § 10 zu ergreifen** sind.

4.11 Arzneimittel/Pharmawirkstoffe/Medikamente

Es gibt einige Beispiele, die zeigen, dass eine **Substitution nicht immer möglich** bzw. sinnvoll ist.

Eines davon ist die Herstellung und Verarbeitung von Pharmawirkstoffen für Arzneimittel und ihre Verabreichung an Patienten als Medikament.

Substitution spielt hier nur eine untergeordnete Rolle, da Arzneimittel aufgrund einer ärztlichen Verordnung verabreicht werden und somit der **Austausch** gegen **weniger gefährliche Ersatzstoffe** oder die **Verwendung** des Wirkstoffes **in geringerer Konzentration** in der Praxis nur äußerst **selten möglich** ist. [Fachartikel Arzneimittel]

Auch bei Tätigkeiten mit Narkosegasen ist eine Substitution oft nicht realisierbar. In der TRGS 525 „Gefahrstoffe in Einrichtungen der medizinischen Versorgung" wird beschrieben, wie bei diesen Tätigkeiten dennoch eine **Reduzierung** der **Gefährdung erreicht werden kann**.

6.4 Maßnahmen bei Anwendung bestimmter Narkoseverfahren und Operationstechniken

(1) Da bei manchen Narkoseverfahren (z.B. Maskennarkosen) oder bestimmten Operationen (z.B. bei Verletzung oder bei Entfernung eines Lungenlappens bzw. bei Einsatz der Herz-Lungen-Maschine) frei abströmende Narkosegase zu **Narkosegasbelastungen der Beschäftigten** führen können, ist durch geeignete Maßnahmen (indikationsabhängig) eine **Minimierung der Exposition zu gewährleisten**.

(2) Als geeignete Maßnahmen zur **Reduzierung der Narkosegasbelastung** sind anzusehen:

1. Medizinische Ersatzverfahren (z.B. **Totalintravenöse** Anästhesie (TIVA)),

4. Grundlagen der Substitution

2. **emissionsarme** Ersatzverfahren (z. B Ersatz der Nichtrückatmungssysteme durch Kreissysteme),
3. lokale **Absaugungen** wie Doppelmaskensysteme, Absaugung am Tubus, abgesaugte Doppelbeutelsysteme (Säuglingsnarkosen),

(...)

7.1.2 Ersatzstoffprüfung und Prüfung alternativer Verfahren

(1) Es ist zu prüfen, ob der Einsatz von Desinfektionsmitteln durch andere (z.b. thermische) Verfahren ganz oder teilweise ersetzt werden kann, z.b. bei der Instrumentendesinfektion.

(2) Im Rahmen der chemischen Desinfektion ist zu prüfen, ob Gefährdungen durch Verfahrensänderung (z.B. Einsatz maschineller Verfahren in der Instrumentendesinfektion, Verzicht auf Ausbringungsverfahren mit Aerosolbildung bei der Flächendesinfektion) verringert werden können.

(3) Für eine **Ersatzstoffprüfung** sind die für wirksam befundenen Mittel (z.B. nach VAH-Liste (...), RKI-Liste (...), DVG-Liste (...) hinsichtlich ihrer Gefährdungen nach GefStoffV zu beurteilen. Bei **gleicher** Wirksamkeit sind die Mittel mit dem **geringsten** Gefährdungspotenzial auszuwahlen.

Ein weiteres Beispiel für eine **weniger** gefährdende Anwendungsform sind z.B. überzogene Tabletten oder **Hart- bzw. Weichkapseln** im Gegensatz zu nicht überzogenen Tabletten oder Pulvern.

4.12 Inhaltsstoffe mit spezifischen Wirkungen

Auch bei Stoffen, die ganz **besondere Wirkungen** oder ganz **spezifische Einsatzgebiete** haben, wird eine Substitution oft auf **Schwierigkeiten** stoßen:

Als Beispiel wäre hier die Herstellung von – als Reinstoff „**giftigem**" – Natriumfluorid zu nennen, das als **Inhaltsstoff** in vielen **Zahnpasten** vorkommt.

Fluorid härtet die oberste Schmelzschicht der Zähne und hemmt das Bakterienwachstum, wodurch auch Karies vorgebeugt wird. [GZFA]

Bislang wurde **kein** anderer Stoff gefunden, der diese spezielle Wirkung in gleichem Maße erzielt; daher ist der Ersatz dieses Stoffes **nicht** möglich.

4. Grundlagen der Substitution

Bezogen auf das Spaltenmodell ergibt sich für Natriumfluorid bei den Gesundheitsgefahren sogar die Gefahrenstufe „**sehr hoch**" aufgrund des Gefahrenhinweises **EUH032**: Entwickelt bei Berührung mit Säure sehr giftige Gase.

Um den **Bezug zum Spaltenmodell** zu verdeutlichen, wurden in der folgenden Tabelle die H-Sätze entsprechend ihrer Gefahrenstufe aus dem Spaltenmodell farbig hinterlegt.

Tabelle 26: Stoffeigenschaften von Natriumfluorid, Quelle: [C&L-Datenbank]

Name	Natriumfluorid	Piktogramm	☠
CAS-Nr.	7681-49-4		
H-Sätze	EUH032: Entwickelt bei Berührung mit Säure sehr giftige Gase.		
	H301: Giftig bei Verschlucken.		
	H315: Verursacht Hautreizungen.		
	H319: Verursacht schwere Augenreizung.		

Die Konzentration des „**giftigen**" Inhaltsstoffes Natriumfluorid (NaF) im Produkt „Zahnpasta" ist mit **nur noch 1 450 ppm** (ca. 0,15 %) so **gering**, dass die Zahnpasta natürlich **NICHT mehr** „Giftig bei Verschlucken" ist!

Dazu kommt, dass Zahnpasta in der Regel von Erwachsenen nicht verschluckt wird.

Da das Verschlucken von Zahnpasta bei **Kindern** aber durchaus vorkommen kann, ist der Fluoridgehalt in Kinderzahnpasta noch einmal **geringer** als in Zahnpasta für Erwachsene – ca. 500 ppm (0,05 %)!

4.13 Funktion/Verwendungszweck: Einsatzstoff oder Lösemittel

Vorab eine Definition des Begriffs „**Lösemittel**" aus der TRGS 610:

> **2.5 Lösemitteldefinition**
>
> **Lösemittel** im Sinne dieser TRGS sind flüchtige organische Stoffe sowie deren Mischungen mit einem **Siedepunkt ≤ 200 °C**, die bei Normalbedingungen (20 °C und 101,3 kPa) **flüssig** sind und dazu verwendet werden, **andere Stoffe zu lösen oder zu verdünnen**, **ohne** sie **chemisch** zu **verändern**.

Einsatz- oder Ausgangsstoffe in chemischen Reaktionen oder Prozessen sind in der Regel schwer zu ersetzen, da sich diese bei den chemischen Reaktionen verändern.

Lösemittel sind dagegen leichter zu ersetzen, da sie sich chemisch nicht verändern. Einige Beispiele für das Labor werden in der DGUV Information 213-850 genannt.

> **3.6 Substitution von Gefahrstoffen**
>
> **Nicht substituierbare Stoffe und Verfahren**
>
> Dienen Gefahrstoffe als **Einsatzstoffe** in chemischen Reaktionen oder Prozessen, können diese **in der Regel nicht ersetzt werden**. (…)
>
> Eine schon seit Jahren **praktizierte Substitution** ist der **Ersatz von Benzol** als Schleppmittel für Wasser oder auch als **Lösemittel** beim Umkristallisieren durch Cyclohexan und Toluol. (…)

In der TRGS 600 wird im gleichen Zusammenhang von der „**Funktion**" eines Stoffes gesprochen. Auch hier gilt, dass **Hilfsstoffe** meist **leichter** substituiert werden können als unverzichtbare Bestandteile eines Produkts:

> **5.1 Kriterien für die technische Eignung**
>
> (2) (…)
>
> 2. die **Funktion** des Stoffes (**Hilfsstoff** im Produktionsprozess oder **unverzichtbare Komponente** des Produkts/Verfahrens oder Rohstoff des Herstellungsverfahrens bzw. **unverzichtbarer Bestandteil** des Produkts), (…)

4. Grundlagen der Substitution

4.14 Technische Eignung/Substitution technisch möglich

Bei der Realisierung einer Substitution wird beschrieben, dass Alternativen **auch „technisch möglich"** bzw. **„technisch geeignet"** sein müssen. Ein Aspekt, die Funktion oder der Verwendungszweck des Stoffes, wurde bereits im vorhergehenden Kapitel erläutert.

Weitere **Kriterien** zum Thema „technische Eignung" finden sich in der TRGS 600:

TRGS 600

> **5.1 Kriterien für die technische Eignung**
>
> (2) In anderen Fällen ist die **technische Eignung** einer Substitutionsmöglichkeit (…) zu beurteilen. Hierbei ist unter anderem **Folgendes zu berücksichtigen**: (…)
>
> 3. die technischen **Konsequenzen** der Substitution auf das eigene **Produktionsverfahren** und die **Produktqualität**,
> 4. die daraus resultierenden, technischen **Konsequenzen** für die nachgelagerte **Verarbeitung/Anwendung** des **Produkts** in der Wertschöpfungskette und
> 5. die Auswirkungen der Substitution auf die **Produkteigenschaften** und die **Produktqualität** des Endprodukts (u.a. Verbraucherakzeptanz, Konformität mit Normen, Verlust von Zulassungen).

Anbei ein Beispiel: Bezogen auf Aluminiumsilikatwolle werden in der stoffspezifischen TRGS 619 „Substitution für Produkte aus Aluminiumsilikatwolle" **technische Eigenschaften** und **Parameter** im Zusammenhang mit dem Begriff „technische Eignung" genannt:

TRGS 619

> **3.2 Grundsätze für die Substitution**
>
> (4) (…) Grundsätzlich ist eine Substitution von Produkten aus Aluminiumsilikatwolle **dann** durchzuführen, **wenn**
>
> 1. die **technischen Eigenschaften** (Anwendungstemperaturen, Wärmedämmeigenschaften, Langzeitverhalten und Standzeit) **gleichwertig** sind (…)
>
> **3.3 Kriterien für die technische Eignung (…) von Substituten:**
> **3.3.1 Allgemeines**
>
> (1) (…) Prinzipiell sind die folgenden **technischen Parameter** zu betrachten:

4. Grundlagen der Substitution

1. Thermische Eigenschaften,
2. Mechanische Eigenschaften,
3. Chemische und mechanische Beständigkeit,
4. Energie- und Ressourceneffizienz.

Im Rahmen der Substitutionsprüfung werden dann die zu den technischen Parametern gehörenden **Eigenschaften verglichen**, wie z.B.

- Anwendungstemperatur (Temperaturbereich)
- Wärmeleitfähigkeit bei verschiedenen Anwendungstemperaturen
- Rohdichte oder
- mechanische Festigkeit.

4.15 Forschungsbereiche

Werden Gefahrstoffe z.B. bei immer **wiederkehrenden Routinetätigkeiten** verwendet, können sie **leichter** ersetzt werden als bei **ständig wechselnden Tätigkeiten** in **Forschungsbereichen**:

> **3.6 Substitution von Gefahrstoffen**
>
> **Nicht substituierbare Stoffe und Verfahren**
>
> (…) Im Gegensatz zu Tätigkeiten mit **häufig wechselnden** Aufgaben, wie beispielsweise im **Forschungsbereich**, ist eine **Substitution** bei **Routinetätigkeiten einfacher möglich** und hat **bevorzugt** zu erfolgen.

DGUV Information 213-850

4.16 Analytikstandards

Das Gleiche gilt für die Verwendung von Stoffen in **analytischen Standards**.

> **3.6 Substitution von Gefahrstoffen**
>
> **Nicht substituierbare Stoffe und Verfahren**
>
> Dienen Gefahrstoffe als **Einsatzstoffe** in chemischen Reaktionen oder Prozessen, können diese in der **Regel nicht ersetzt** werden. Dies gilt **auch** für **analytische Standards** zur Bestimmung von Gefahrstoffen.

DGUV Information 213-850

Es wurden bereits viele Grundlagen zur Substitution erläutert. Welche Aussage in der folgenden Übungsaufgabe zum Thema Substitution ist **falsch**?

4. Grundlagen der Substitution

Übungsaufgabe 5: Frage zur Substitution

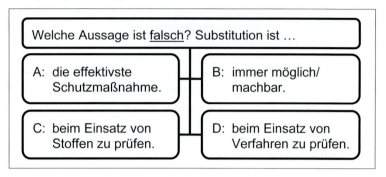

Welche Aussage ist falsch? Substitution ist ...

A: die effektivste Schutzmaßnahme.

B: immer möglich/machbar.

C: beim Einsatz von Stoffen zu prüfen.

D: beim Einsatz von Verfahren zu prüfen.

4.17 Einhaltung von Arbeitsplatzgrenzwerten

Oft wird argumentiert, dass eine Substitution **nicht** notwendig sei, wenn z.B. **Arbeitsplatzgrenzwerte eingehalten** werden.

Die Erfahrung zeigt aber, dass **Grenzwerte** im Laufe der Jahre oft **abgesenkt** oder sogar **ausgesetzt** werden, wenn sie neuen – strengeren – Anforderungen nicht mehr standhalten können.

Beispiele für **deutliche Absenkungen** von Grenzwerten aus der jüngeren Vergangenheit sind u.a. die folgenden:

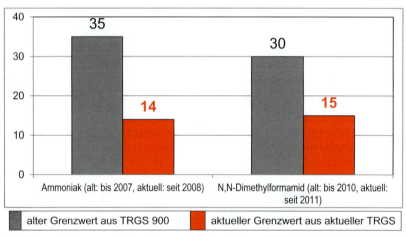

Abbildung 8: Grenzwertabsenkungen: Ammoniak und N,N-Dimethylformamid

4. Grundlagen der Substitution

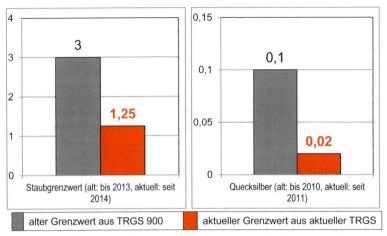

Abbildung 9: Grenzwertabsenkungen: Allgemeiner Staubgrenzwert (alveolengängige Fraktion) und Quecksilber

Durch **Registrierungen** im Rahmen von **REACH** müssen **umfangreiche Daten** zu physikalischen und chemischen Eigenschaften, zur toxikologischen Wirkung und zur Umwelttoxizität erhoben werden. Diese Daten **fließen** in die Einstutung des Stoffes und **in die Ableitung von Grenzwerten ein**. Letztendlich stehen durch REACH **mehr Daten** für das Gefahrstoffmanagement **zur Verfügung**. [Fachartikel 5 Jahre REACH]

Aus diesem Grund muss auch in Zukunft damit gerechnet werden, dass der eine oder andere Grenzwert noch **weiter abgesenkt** wird.

Merksatz 16: Grenzwertabsenkung

> Die meisten Grenzwerte sind „**nicht für die Ewigkeit**" gemacht, sondern **verändern** sich – meistens zu noch **geringeren** Werten – sobald **neue Daten** zu dem Stoff eine **weitere Absenkung** für **notwendig** erscheinen lassen.

4. Grundlagen der Substitution

4.18 Geringe Gefährdung – keine Substitution

Bei einer sogenannten „**geringen**" Gefährdung wird **keine** Substitutionsprüfung und **keine** Substitution verlangt:

> **1 Anwendungsbereich**
>
> (2) Hat der Arbeitgeber im Rahmen der Gefährdungsbeurteilung festgestellt, dass eine **geringe Gefährdung** (…) vorliegt, verlangt die Gefahrstoffverordnung **keine Substitutionsprüfung** und **keine Substitution**.

Die **geringe** Gefährdung hat also den Vorteil, dass **keine** weiteren Maßnahmen des Abschnitts 4 der GefStoffV, d.h. Schutzmaßnahmen, ergriffen werden müssen.

Was aber heißt „**geringe**" Gefährdung? Die Gefahrstoffverordnung gibt hierzu folgende Auskunft:

> **§ 6 Informationsermittlung und Gefährdungsbeurteilung**
>
> (11) Ergibt sich aus der Gefährdungsbeurteilung für bestimmte Tätigkeiten auf Grund
>
> 1. der dem Gefahrstoff zugeordneten **Gefährlichkeitsmerkmale**,
> 2. einer **geringen** verwendeten **Stoffmenge**,
> 3. einer nach Höhe und Dauer **niedrigen Exposition** und
> 4. der **Arbeitsbedingungen**
>
> insgesamt eine nur **geringe Gefährdung** der Beschäftigten und **reichen** die nach § 8 zu ergreifenden **Maßnahmen** zum Schutz der Beschäftigten aus, so müssen **keine weiteren Maßnahmen des Abschnitts 4 ergriffen werden**.

Was in den Ausführungen der Gefahrstoffverordnung **erst** einmal sehr **klar und eindeutig** klingt, zieht bei **näherer** Betrachtung allerdings weitere Fragen nach sich: Was sind **Gefährlichkeitsmerkmale** mit **geringer** Gefährdung? Was ist eine „**geringe**" **Stoffmenge**, was eine „**niedrige**" **Exposition**? Und: Welche Arbeitsbedingungen müssen vorherrschen?

Bei den **Gefährlichkeitsmerkmalen** hilft das Spaltenmodell weiter: Dieses beschreibt u.a. über die **H-Sätze**, welche der Gefährlichkeitsmerkmale einer **geringen** Gefahr zuzuordnen sind.

4. Grundlagen der Substitution

Tabelle 27: Gefährlichkeitsmerkmale mit geringer Gefahr, Quelle: [IFA-GHS]

Gefahr	Geringe Gefahr
Akute Gesundheitsgefahren	• Hautreizende Stoffe/Gemische (H315) • Augenreizende Stoffe/Gemische (H319) • Hautschädigung bei Feuchtarbeit • Stoffe/Gemische mit Aspirationsgefahr (H304) • Hautschädigende Stoffe/Gemische (EUH066) • Stoffe/Gemische mit spezifischer Zielorgan-Toxizität bei einmaliger Exposition, Kategorie 3: Atemwegsreizung (H335) • Stoffe/Gemische mit spezifischer Zielorgan-Toxizität bei einmaliger Exposition, Kategorie 3: Schläfrigkeit, Benommenheit (H336)
Chronische Gesundheitsgefahren	• Auf sonstige Weise chronisch schädigende Stoffe (kein H-Satz, aber trotzdem Gefahrstoff!)
Umweltgefahren	• Chronisch gewässergefährdende Stoffe/Gemische, Kategorie 4 (H413) • Stoffe/Gemische der Wassergefährdungsklasse WGK 1
Brand- und Explosionsgefahren	• Schwer entzündbare Stoffe/Gemische (Flammpunkt > 60 bis 100 °C, kein H-Satz) • Selbstzersetzliche Stoffe/Gemische, Typ G (kein H-Satz) • Organische Peroxide, Typ G (F)

In der TRGS 400 „Gefährdungsbeurteilung für Tätigkeiten mit Gefahrstoffen" finden sich weitere detaillierte Erklärungen,

- wann eine **geringe** Gefährdung vorliegt und auch
- wann **keine** geringe Gefährdung vorliegt,

inklusive mehrerer **Beispiele** für Tätigkeiten mit geringer Gefährdung.

Aber auch hier wird die Frage der „**geringen**" Stoffmenge **nicht** geklärt.

6.2 Tätigkeiten mit geringer Gefährdung

(1) (...)

1. Ein **eindeutiger Maßstab** für „**geringe Menge**" lässt sich allgemeingültig **nicht angeben**, da hierzu auch die gefährlichen **Stoffeigenschaften**, das **Freisetzungsvermögen** des Gefahrstoffes und die **konkreten Tätigkeiten** zu **berücksichtigen** sind.

TRGS 400

4. Grundlagen der Substitution

Zur **„niedrigen"** Exposition wird man in der TRGS 400 allerdings fündig. Es wird auf **emissionsarme Verwendungsformen** hingewiesen:

> **6.2 Tätigkeiten mit geringer Gefährdung**
>
> 2. (…) Eine **niedrige** inhalative **Exposition** kann z.B. bei **Feststoffen** unter Einsatz **emissionsarmer Verwendungsformen** wie Pasten, Wachse, Granulate, Pellets oder Masterbatches vorliegen.

Manchmal kann es auch sehr hilfreich sein, wenn erklärt wird, welche Tätigkeiten keine Tätigkeiten mit **geringer Gefährdung** sind:

> **6.2 Tätigkeiten mit geringer Gefährdung**
>
> (2) Tätigkeiten mit Gefahrstoffen **in engen Räumen und Behältern** sind **keine** Tätigkeiten mit geringer Gefährdung.

In der TRGS 400 werden auch Beispiele für Tätigkeiten mit **geringer** Gefährdung genannt.

Interessant dabei ist, dass sogar bei Tätigkeiten mit Gemischen, die krebserzeugende und erbgutverändernde Stoffe enthalten – siehe das Beispiel **Kaliumchromatlösung** –, Tätigkeiten mit geringer Gefährdung nicht auszuschließen sind:

> **6.2 Tätigkeiten mit geringer Gefährdung**
>
> (4) **Beispiele** für Tätigkeiten mit **geringer Gefährdung** sind:
> 1. Verwendung von Gefahrstoffen, die für den **privaten Endverbraucher** im Einzelhandel in Selbstbedienung erhältlich sind („**Haushaltsprodukte**"), wenn sie unter für Haushalte üblichen Bedingungen (geringe Menge und kurze Expositionsdauer) verwendet werden,
> 2. Ausbesserung kleiner Lackschäden mit Lackstiften oder
> 3. Verwendung und Aufbewahrung haushaltsüblicher Mengen von Klebstoffen,
> 4. Titration mit **Kaliumchromatlösung**.

Kaliumchromat ist in der CLP-Verordnung, wie Tabelle 28 zeigt, als krebserzeugender und erbgutverändernder Stoff eingestuft und gekennzeichnet. Die H-Sätze sind den Gefahrenstufen aus dem Spaltenmodell zugeordnet und entsprechend farbig hinterlegt.

4. Grundlagen der Substitution

Tabelle 28: Kennzeichnung von Kaliumchromat, Quelle: [C&L-Datenbank]

Name	Kaliumchromat	Piktogramme			
CAS-Nr.	7789-00-6				
H-Sätze	H350i: Kann bei Einatmen Krebs erzeugen.				
	H340: Kann genetische Defekte verursachen.				
	H317: Kann allergische Hautreaktionen verursachen.				
	H319: Verursacht schwere Augenreizung.				
	H335: Kann die Atemwege reizen.				
	H315: Verursacht Hautreizungen.				
	H410: Sehr giftig für Wasserorganismen mit langfristiger Wirkung.				

Merksatz 17: Geringe Gefährdung: Tätigkeit ist entscheidend.

> Selbst bei **Gemischen, die krebserzeugende, erbgutverändernde oder fruchtbarkeitsgefährdende Inhaltsstoffe enthalten,** kann sich aufgrund der **Tätigkeit** eine **nur geringe Gefährdung** ergeben.

4.19 Besondere Anforderungen bei CMR$_{(F)}$-Gefahrstoffen

4.19.1 CMR – Kategorien und Begriffe

Da es viele **Missverständnisse** zu

- den Begriffen „fortpflanzungsgefährdend" bzw. „fruchtbarkeitsgefährdend" und zu
- den **Nummerierungen** bei den **CMR-Kategorien** gibt,

werden zuerst diese Begriffe definiert und eingeordnet.

Oft hört man im Zusammenhang mit reproduktionstoxischen Gefahrstoffen Aussagen wie „Das betrifft nur die Frauen, aber **nicht** uns **Männer.**" Dass diese Aussage so **nicht** immer stimmt, wird durch die folgenden Ausführungen klar.

4. Grundlagen der Substitution

Es gibt in der Gefahrstoffverordnung bezogen auf reproduktionstoxische Wirkungen **drei Begriffe** mit sehr **ähnlichem Wortlaut**:
1. **fortpflanzungsgefährdend**
2. **fruchtschädigend**
3. **fruchtbarkeitsgefährdend**

> **§ 3 Gefährlichkeitsmerkmale**
> (…) Stoffe und Zubereitungen sind (…)
> 13. **fortpflanzungsgefährdend** (**reproduktionstoxisch**), wenn sie bei Einatmen, Verschlucken oder Aufnahme über die Haut
> a. nicht vererbbare Schäden der **Nachkommenschaft** hervorrufen oder die Häufigkeit solcher Schäden erhöhen (**fruchtschädigend**) oder
> b. eine **Beeinträchtigung** der männlichen oder weiblichen **Fortpflanzungsfunktionen** oder der Fortpflanzungsfähigkeit zur Folge haben können (**fruchtbarkeitsgefährdend**), (…)

Für die Anwendung der Maßnahmen aus der Gefahrstoffverordnung ist es wichtig, diese drei **Begriffe** unterscheiden zu können:

Bei **fortpflanzungsgefährdenden** oder **fruchtbarkeitsgefährdenden** Wirkungen können **auch Männer** betroffen sein, wie die folgende Abbildung zeigt.

	Begriff	Bild	Gefahren für
„**Fortpflanzungsgefährdend**" ist der **Überbegriff** für	fruchtschädigend oder		Schwangere und Stillende
	fruchtbarkeitsgefährdend		Frauen und Männer

Abbildung 10: Unterscheidung: fruchtschädigend – fruchtbarkeitsgefährdend

Tabelle 29 zeigt die dazugehörigen Kategorien, Piktogramme, Signalwörter und H-Sätze aus der CLP-Verordnung sowie die Abkürzungen R, $R_{(E)}$ und $R_{(F)}$ aus der Stoffrichtlinie:

4. Grundlagen der Substitution

Tabelle 29: CMR-Stoffe: Piktogramme, H-Sätze, Signalwörter und Abkürzungen

Kategorien, Piktogramm und Signalwörter ↘		1A	1B	2
↓ Begriffe aus § 3 GefStoffV		Gefahr		Achtung
13. fortpflanzungs-gefährdend (reproduktions-toxisch): Abkürzung: R	a. fruchtschä-digend Abkürzung $R_{(E)}$	H360**D**: Kann das **Kind im Mutterleib** schädigen.		H361**d**: Kann vermutlich das **Kind im Mutterleib** schädigen.
	b. fruchtbar-keitsgefähr-dend Abkürzung $R_{(F)}$	H360**F**: Kann die **Fruchtbarkeit** beeinträchtigen.		H361**f**: Kann vermutlich die **Fruchtbarkeit** beeinträchtigen.
$R_{(E)}$:	fruchtschädigend	(entwicklungsschädigend)		
$R_{(F)}$:	fruchtbarkeitsgefährdend	(Fruchtbarkeit)		
D:	Development (Entwicklung des Kindes im Mutterleib; → Großbuchstabe)			
F:	Fertility (Fruchtbarkeit; → Großbuchstabe)			
d, f:	„**Verdachts**"-Kategorien (→ Kleinbuchstaben)			

Für krebserzeugende, erbgutverändernde oder **fortpflanzungsgefährdende**, **fruchtbarkeitsgefährdende** oder **fruchtschädigende** Gefahrstoffe findet man oft auch die folgenden Abkürzungen:

Tabelle 30: Unterscheidung: CMR-Gefahrstoffe und CMR$_{(F)}$-Gefahrstoffe

Abkürzung	Gefahrstoffe: krebserzeugend, erbgutverändernd oder
CM**R** → eigentlich: CM**R**$_{(F+E)}$	**fortpflanzungsgefährdend** (reproduktionstoxisch), d.h. fruchtbarkeitsgefährdend **oder** fruchtschädigend
CM**R**$_{(F)}$	fruchtbarkeitsgefährdend
CM**R**$_{(E)}$	fruchtschädigend

Es sind die CM**R**$_{(F)}$-Stoffe der Kategorien 1 und 2 (CLP-Verordnung: 1A und 1B), für die in § 10 der Gefahrstoffverordnung **besondere** Schutzmaßnahmen genannt sind.

4. Grundlagen der Substitution

Die für **fruchtschädigende** Gefahrstoffe relevanten Schutzmaßnahmen, wie z.B. **Beschäftigungsverbote** für Schwangere, sind in **anderen** Gesetzen bzw. Verordnungen beschrieben.

Diese sind u.a.:

- Gesetz zum Schutze der erwerbstätigen Mütter (Mutterschutzgesetz – MuSchG)
- Verordnung zum Schutze der Mütter am Arbeitsplatz (MuSchArbV)

§ 10 der Gefahrstoffverordnung gilt also z.B. **nicht** (!) für

- **fruchtschädigende** Stoffe mit dem H-Satz 360D – also $R_{(E)}$-Gefahrstoffe.
- Stoffe der sogenannten „**Verdachtskategorie**" 3 (CLP-Verordnung: Kategorie 2) mit den H-Sätzen H351, H341, H361d oder H361f.

Ein Beispiel für einen Stoff, der **nicht** unter die Maßnahmen des § 10 der Gefahrstoffverordnung fällt, ist Phenol.

Tabelle 31: Kennzeichnung von Phenol, Quelle: [C&L-Datenbank]

Stoff	Phenol	Piktogramm bzgl. CMR
CAS-Nr.	108-95-2	
H-Sätze (bezogen auf CMR)	H341: Kann vermutlich Krebs erzeugen.	
CMR-Kategorie	M2 (bezogen auf Mutagenität)	

Merksatz 18: Geltungsbereich des § 10 der Gefahrstoffverordnung

§ 10 der Gefahrstoffverordnung beschreibt besondere Schutzmaßnahmen bei Tätigkeiten mit krebserzeugenden, erbgutverändernden und

☑ **fruchtbarkeitsgefährdenden**, d.h. $CMR_{(F)}$-Gefahrstoffen
☒ **nicht** aber **fruchtschädigenden**, d.h. $CMR_{(E)}$-Gefahrstoffen

der

☑ Kategorien 1 oder 2 (CLP-Verordnung: 1A oder 1B)
☒ **nicht** aber der Kategorie 3 (CLP-Verordnung: 2).

4. Grundlagen der Substitution

Praxistipp 7: GefStoffV – Unterscheidung CMR/CMR(F)

Achten Sie beim Lesen in der Gefahrstoffverordnung genau darauf, auf **welche** Gefahrstoffe sich die Regelungen beziehen:
> „krebserzeugend, erbgutverändernd oder **fortpflanzungsgefährdend**" – also „CM**R**" – oder
> „krebserzeugend, erbgutverändernd oder **fruchtbarkeitsgefährdend**" – also nur „CMR$_{(F)}$" –

und **welche** Nummern bei den **Kategorien** genannt werden – Kategorien 1, 2 oder 3 (CLP-Verordnung: Kategorien 1A, 1B oder 2).

Die Gefahrstoffverordnung bezieht sich zur Zeit (Stand 2014) **noch** auf die „alten" CMR-Einstufungskategorien der **Stoffrichtlinie**.

Wenn bis zum 1.6.2015 in der Gefahrstoffverordnung von CMR-Gefahrstoffen der Kategorien 1, 2 oder 3 die Rede ist, sind damit (noch) **nicht** die Kategorien 1A, 1B oder 2 der **CLP-Verordnung** gemeint!

Die Gefahrstoffverordnung wird erst im Laufe des Jahres **2015 vollständig** an die CLP-Verordnung **angepasst**!

In der folgenden Tabelle werden die Nummern der Kategorien nochmals gegenübergestellt:

Tabelle 32: CMR-Gefahrstoffe – Vergleich der Nummern bei CMR-Kategorien

CMR-Kategorie	Nummer		
aus Stoffrichtlinie	1	2	3
aus CLP-Verordnung	1A	1B	2
Verwechslungsgefahr ist bei Nr. 2 gegeben, die sowohl im alten als auch im neuen Einstufungssystem vorkommt!			

4.19.2 CMR$_{(F)}$: Mitteilung an Behörde

Bei Tätigkeiten mit CM**R**$_{(F)}$-Gefahrstoffen der Kategorien 1 oder 2 (CLP-Verordnung: 1A oder 1B) können die **Behörden** verlangen, über die durchgeführten Substitutionen und das Ergebnis der Substitutionsprüfung **informiert** zu werden.

4. Grundlagen der Substitution

GefStoffV

§ 18 Unterrichtung der Behörde

(3) Der Arbeitgeber hat der zuständigen Behörde bei Tätigkeiten mit krebserzeugenden, erbgutverändernden oder **fruchtbarkeitsgefährdenden** Gefahrstoffen der Kategorie 1 oder 2 zusätzlich **auf Verlangen** Folgendes **mitzuteilen**:
1. das Ergebnis der Substitutionsprüfung,
2. Informationen über (...)
   e) durchgeführte Substitutionen.

4.19.3 CMR$_{(F)}$: Quellenangabe bei fehlenden Substitutionsmöglichkeiten

Können bei CMR$_{(F)}$-Gefahrstoffen der Kategorien 1 oder 2 (CLP-Verordnung: 1A oder 1B) **keine Möglichkeiten** einer **Substitution** identifiziert werden, sind in der **Begründung** die **Quellen** anzugeben.

TRGS 600

6 Dokumentation

(5) Wurden bei der Prüfung auf Möglichkeiten zur Substitution für Tätigkeiten, für die **Schutzmaßnahmen nach § 10 GefStoffV** zu treffen sind, **keine** Möglichkeiten einer Substitution identifiziert, so sind die **Quellen**, in denen **recherchiert** wurde, **kurz zu benennen**.

4.19.4 CMR$_{(F)}$: Begründung bei Substitutionsverzicht

Bei CMR$_{(F)}$-Gefahrstoffen der Kategorien 1 oder 2 (CLP-Verordnung: 1A oder 1B) muss ein **Verzicht** auf eine technisch **mögliche Substitution begründet** werden.

GefStoffV

§ 6 Informationsermittlung und Gefährdungsbeurteilung

(8) Der Arbeitgeber hat die Gefährdungsbeurteilung (...) zu dokumentieren; dabei sind anzugeben (...)
3. eine **Begründung** für einen **Verzicht** auf eine technisch mögliche Substitution, sofern **Schutzmaßnahmen nach § 9 oder § 10 zu ergreifen** sind.

Unter welchen Voraussetzungen eine Substitution „technisch möglich" ist, wird in → *Kapitel 4.14 Technische Eignung/Substitution technisch möglich* erklärt.

4. Grundlagen der Substitution

Merksatz 19: Begründung des Substitutionsverzichts

Selbst bei $CMR_{(F)}$-Gefahrstoffen der Kategorien 1 oder 2 (CLP-Verordnung: 1A oder 1B) kann also auf eine technisch mögliche **Substitution verzichtet** werden, wenn dies **begründet** werden kann.

Aufgrund der **hohen Gefährdung** bei diesen Stoffen sollte ein Verzicht aber **wohlüberlegt** sein und sich **wirklich immer auf gute Gründe** stützen.

Praxistipp 8: Substitutionsverzicht mit Standardsätzen begründen

Zur Begründung des **Verzichts** können folgende **Standardsätze** aus der TRGS 600 eingesetzt werden:

➢ Ersatzlösung verringert Gefährdung **nicht** ausreichend, weil …
➢ Ersatzlösung betrieblich **nicht** geeignet, weil …

4.20 Substitutionspflicht

Wie in den ➔ *Kapiteln 3.5.2 Grundsätze bei der Anwendung (des Spaltenmodells)* und *3.6 Wirkfaktoren-Modell der TRGS 600* bereits ausgeführt, finden sich in der TRGS 600 **keine** klar definierten **Grenzen**, ab wann eventuell eine **Substitutionspflicht** besteht.

Es wird z.B. beim Spaltenmodell davon gesprochen, dass „bei Unterschieden von **zwei oder mehr** Gefährdungsstufen **wichtige** Gründe vorliegen müssen, den Ersatzstoff **nicht** einzusetzen". Beim Wirkfaktoren-Modell wird beschrieben, dass „der Einsatz eines Ersatzstoffes **umso dringlicher** zu prüfen ist, je **größer** der Quotient aus den Wirkfaktoren des eingesetzten Stoffes und des Ersatzstoffes ist".

4.20.1 $CMR_{(F)}$- und sehr giftige bzw. giftige Gefahrstoffe

Zu den $CMR_{(F)}$-Gefahrstoffen der Kategorien 1 und 2 (CLP-Verordnung: 1A und 1B) findet man jedoch folgende Aussage zur **Substitutionspflicht**:

5.3 Entscheidung über die Realisierung der Substitution

(2) Bei Tätigkeiten mit **giftigen, sehr giftigen, krebserzeugenden, erbgutverändernden oder fruchtbarkeitsgefährdenden** (Kategorie 1 und 2) Gefahrstoffen **muss** eine **Substitution immer erfolgen**, wenn **Alternativen** technisch **möglich** sind und zu einer insgesamt **geringeren Gefährdung** der Beschäftigten führen.

4. Grundlagen der Substitution

Aber auch bei dieser Substitutionspflicht werden **Einschränkungen** genannt: Alternativen müssen technisch möglich sein und zu einer insgesamt geringeren Gefährdung der Beschäftigten führen.

Die oben zitierte **Substitutionspflicht** bezieht sich **auch** auf **giftige bzw. sehr giftige** (CLP-Verordnung: akut toxische) Gefahrstoffe.

4.20.2 Krebserzeugende Gefahrstoffe

Die TRGS 910 „Risikobezogenes Maßnahmenkonzept für Tätigkeiten mit krebserzeugenden Gefahrstoffen" definiert für diese Stoffe drei verschiedene **Risikobereiche**, die durch die sogenannten **Akzeptanz- und Toleranzkonzentrationen** voneinander getrennt werden.

5 Risikobezogenes Maßnahmenkonzept gemäß § 10 Absatz 1 GefStoffV

(1) Im Risikokonzept resultieren aus Akzeptanz- und Toleranzrisiko **drei** Risikobereiche:

1. Bereich **niedrigen** Risikos (die Expositionen liegen **unterhalb** der Akzeptanzkonzentration)
2. Bereich **mittleren** Risikos (die Expositionen liegen **zwischen** Akzeptanz- und Toleranzkonzentration) und der
3. Bereich **hohen** Risikos (die Expositionen liegen **oberhalb** der Toleranzkonzentration).

Diese **drei** Risikobereiche und die **zwei** Konzentrationen kann man sehr anschaulich in Form eines **Ampelmodells** darstellen:

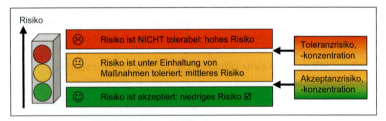

Abbildung 11: Ampelmodell: drei Risikobereiche, zwei Risikogrenzen

Akzeptanz- und Toleranzkonzentrationen sind stoffspezifische Luftkonzentrationswerte, die in der Tabelle 1 der TRGS 910 gelistet werden.

Abhängig vom Risikobereich werden **unterschiedlich strenge** Anforderungen an die Substitution formuliert. Aber auch hier muss wieder klar **unterschieden** werden zwischen

4. Grundlagen der Substitution

- Substitutionsprüfung und
- Substitutionsdurchführung.

Die Tabelle 33 zeigt, dass für **alle drei** Risikobereiche eine **Prüfung** der Möglichkeiten einer Substitution **verpflichtend** ist und das **Ergebnis** dieser Prüfung zu **dokumentieren** ist.

Unterschiede werden in der Forderung nach der Substitutions**durchführung** deutlich, je nachdem, in welchem Risikobereich die Exposition mit dem krebserzeugenden Gefahrstoff liegt:

- Im Risikobereich „niedriges" Risiko ist die Umsetzung der Substitution von der **Verhältnismäßigkeit** abhängig.
- Im Risikobereich „mittleres" Risiko ist die Umsetzung der Substitution zwar schon **verpflichtend**, aber unter Berücksichtigung der **Verhältnismäßigkeit** und der **Zumutbarkeit** durchzuführen.
- Im Risikobereich „hohes" Risiko ist die Umsetzung der Substitution natürlich **auch verpflichtend**, wird aber allein vom **Ergebnis** der **Substitutionsprüfung abhängig** gemacht. Verhältnismäßigkeit und Zumutbarkeit spielen keine Rolle mehr. Selbstverständlich kann dies auch bedeuten, dass abhängig vom Ergebnis keine Substitution erfolgt.

Tabelle 33: Besondere Maßnahmen bei Exposition gegenüber krebserzeugenden Gefahrstoffen in Abhängigkeit der jeweiligen Risikobereiche, Quelle: [TRGS 910]

1. Substitution	I. Niedriges Risiko	II. Mittleres Risiko	III. Hohes Risiko
Substitutionsprüfung	Ja	Ja	Ja
Erläuterung	Der Arbeitgeber muss regelmäßig die **Möglichkeit** einer Substitution durch Gefahrstoffe mit geringerer Gesundheitsgefährdung prüfen, siehe TRGS 600.		
Umsetzung der Substitution (Stoff und Verfahren), expositionsmindernde Verwendungsform, siehe auch TRGS 600, Anlage 3	Ja, wenn im Rahmen der **Verhältnismäßigkeit** möglich.	Ja, im Rahmen der **Verhältnismäßigkeit verpflichtend** (wenn technisch möglich), unter Berücksichtigung von wissenschaftlichen Erkenntnissen und **Zumutbarkeit**.	Ja, prioritäre, **verpflichtende** Maßnahme **gemäß Ergebnis** der Substitutionsprüfung.
Erläuterung	Das **Ergebnis** der Substitutionsprüfung ist in der Gefährdungsbeurteilung zu dokumentieren.		

4. Grundlagen der Substitution

Merksatz 20: Substitutionspflicht – Substitutionsverzicht

Eine **Substitutionspflicht** gibt es im Prinzip **nicht**.

Bei **CMR$_{(F)}$-Gefahrstoffen** der Kategorien 1 oder 2 (CLP-Verordnung: 1A oder 1B) und bei **giftigen** und **sehr giftigen** Gefahrstoffen kann auf eine **Substitution nach vorangegangener Substitutionsprüfung verzichtet** werden, wenn

> der Einsatz der Alternativen **technisch nicht** möglich ist und
> der Verzicht auf eine technisch mögliche Substitution **dokumentiert** und begründet wird.

Zusätzlich müssen bei **CMR$_{(F)}$-Gefahrstoffen** der Kategorien 1 oder 2 (CLP-Verordnung: 1A oder 1B) die **Quellen**, auf denen die Begründung für den Verzicht basiert, **benannt** sein.

Die Notwendigkeit, den Substitutionsverzicht bei einer technisch möglichen Substitution zu dokumentieren und zu begründen, besteht u.a. auch bei **Grenzwertüberschreitungen**.

4.21 Schutzmaßnahmen – wenn Substitution nicht möglich ist

Technische Schutzmaßnahmen, wie z.B. **geschlossene** Systeme, sind dann von besonderer Bedeutung, wenn eine **Substitution** technisch **nicht möglich** ist. Sind auch diese **nicht** realisierbar, ist bei der Auswahl von weiteren Schutzmaßnahmen eine bestimmte **Rangfolge** einzuhalten – gleichbedeutend im folgenden Zitat aus der Gefahrstoffverordnung mit „unter Beachtung von § 7 Absatz 4":

§ 9 Zusätzliche Schutzmaßnahmen

(2) Der Arbeitgeber hat sicherzustellen, dass Gefahrstoffe in einem **geschlossenen** System hergestellt und verwendet werden, wenn

1. die **Substitution** (…), technisch **nicht möglich** ist (…)

Ist die Anwendung eines geschlossenen Systems technisch nicht möglich, so hat der Arbeitgeber dafür zu sorgen, dass die Exposition der Beschäftigten nach dem Stand der Technik und **unter Beachtung von § 7 Absatz 4** so weit wie möglich verringert wird.

Eine Erklärung zum Thema „Substitution technisch nicht möglich" befindet sich in ➜ *Kapitel 4.14 Technische Eignung/Substitution technisch möglich*.

4. Grundlagen der Substitution

Zunächst werden einige Grundlagen und Begriffe zum Thema „Schutzmaßnahmen" erläutert.

4.21.1 STOP-/TOP-Rangfolge der Schutzmaßnahmen

Die STOP-Rangfolge wird auch als „**STOP-Prinzip**" oder „**STOP-Hierarchie** der Schutzmaßnahmen" bezeichnet. Die Buchstabenfolge „S – T – O – P" beschreibt die **Rangfolge** der Schutzmaßnahmen, wie sie z.B. auch die Gefahrstoffverordnung vorgibt. „TOP" bezeichnet die Rangfolge der Schutzmaßnahmen ohne die Substitution.

Tabelle 34: STOP-Prinzip/-Rangfolge aus der Gefahrstoffverordnung

	GefStoffV: § 7 Grundpflichten
S	(3) Der Arbeitgeber hat auf der Grundlage des Ergebnisses der **Substitutionsprüfung** (...) **vorrangig** eine Substitution durchzuführen. Er hat Gefahrstoffe oder Verfahren durch Stoffe, Zubereitungen oder Erzeugnisse oder Verfahren zu **ersetzen**, die unter den jeweiligen Verwendungsbedingungen für die Gesundheit und Sicherheit der Beschäftigten nicht oder weniger gefährlich sind. (4) Der Arbeitgeber hat Gefährdungen der Gesundheit und der Sicherheit der Beschäftigten bei Tätigkeiten mit Gefahrstoffen auszuschließen.
	Ist dies nicht möglich, hat er sie auf ein Minimum zu reduzieren. Diesen Geboten hat der Arbeitgeber durch die Festlegung und Anwendung geeigneter Schutzmaßnahmen Rechnung zu tragen. Dabei hat er folgende **Rangfolge** zu beachten:
T	1. Gestaltung geeigneter Verfahren und **technischer** Steuerungseinrichtungen von Verfahren, den Einsatz emissionsfreier oder emissionsarmer Verwendungsformen sowie Verwendung geeigneter Arbeitsmittel und Materialien nach dem Stand der Technik, 2. Anwendung kollektiver Schutzmaßnahmen technischer Art an der Gefahrenquelle, wie angemessene Be- und Entlüftung,
O	und Anwendung geeigneter **organisatorischer** Maßnahmen,
P	3. sofern eine Gefährdung nicht durch Maßnahmen nach den Nummern 1 und 2 verhütet werden kann, Anwendung von **individuellen** Schutzmaßnahmen, die auch die Bereitstellung und Verwendung von **persönlicher** Schutzausrüstung umfassen.

4. Grundlagen der Substitution

Die folgende Abbildung soll verdeutlichen, wie **unterschiedlich wirksam** die einzelnen Schutzmaßnahmen des STOP-Prinzips sind, und wie sich die Wirksamkeit zum Aufwand der Überwachung verhält.

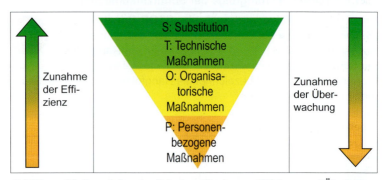

Abbildung 12: Rangfolge der Schutzmaßnahmen: Effizienz und Überwachung

Merksatz 21: Persönliche Schutzausrüstung – die letzte Barriere

> Es sollte beim Einsatz von persönlicher Schutzausrüstung immer bedacht werden, dass die **persönliche Schutzausrüstung** die **allerletzte Barriere** zwischen Gefahrstoff und Beschäftigten darstellt. Wenn diese **letzte** Barriere **versagt**, ist der Stoff am bzw. im Beschäftigten „drin"!

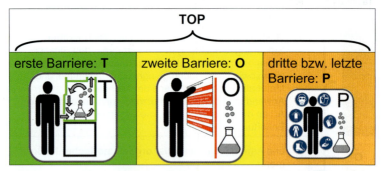

Abbildung 13: TOP – Barriere zwischen Gefahrstoff und Beschäftigten

Ein weiterer Aspekt, warum technische und organisatorische Schutzmaßnahmen **vor** den personenbezogenen Schutzmaßnahmen stehen, wird mit folgender Abbildung deutlich.

4. Grundlagen der Substitution

Technische oder organisatorische Schutzmaßnahmen sind **nicht** auf den **einzelnen Beschäftigten** bezogen bzw. angepasst, sondern beziehen sich auf das „**Kollektiv**" (alle Beschäftigten). Deshalb werden sie auch als „**kollektive** Schutzmaßnahmen" bezeichnet. Zu diesen Maßnahmen gehören z.B. **geschlossene Systeme**, **Absaugungen** usw.	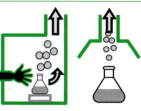 Jede Maßnahme ist nur „einmal" für „alle" Beschäftigten notwendig.
Personenbezogene Schutzmaßnahmen werden auch als **individuelle** Schutzmaßnahmen bezeichnet, da diese auf den **einzelnen Beschäftigten individuell angepasst** werden müssen, z.B. in Form von verschiedenen Handschuhgrößen.	Handschutz oder Atemschutz muss auf jeden einzelnen Beschäftigten angepasst werden.

Abbildung 14: Kollektive und individuelle Schutzmaßnahmen, Quelle: [Glossar GefStoffV]

4.21.2 Willensabhängigkeit

Schutzmaßnahmen können aber auch anhand der sogenannten „Willensabhängigkeit" unterschieden werden, wie in Tabelle 35 aufgezeigt wird:

Tabelle 35: Willensabhängige und willensunabhängige Maßnahmen

Willensabhängigkeit	willensabhängig	willensunabhängig
Voraussetzung für Wirksamkeit	**manuelles** Eingreifen bzw. Reaktion oder Anpassung notwendig	manuelles Eingreifen bzw. Reaktion oder Anpassung nicht notwendig, **automatische** Funktion
Beispiel für technische Schutzmaßnahme	**Heranziehen** einer „beweglichen" **Quellenabsaugung** an die Emissionsquelle bzw. an das Arbeitsgerät	**Absaugung** ist in das Arbeitsgerät **integriert**, welches nur funktioniert, wenn auch die Absaugung funktioniert.
Einfluss auf Zuverlässigkeit und Wirksamkeit	Zunahme der **Zuverlässigkeit** und **Wirksamkeit** →	

4. Grundlagen der Substitution

In der TRGS 460 „Handlungsempfehlung zur Ermittlung des Standes der Technik" werden **Beispiele** für willensabhängige und willensunabhängige technische Schutzmaßnahmen genannt und gleichzeitig betont, dass **willensunabhängige** Maßnahmen zu **bevorzugen** sind:

> **Anlage 2 Wissenschaftliches Hintergrundpapier**
> **5 Entscheidungshilfen/-strategien und Abwägungsprozesse**
> **5.2 Fachlich-inhaltliche Ebene**
> (...) Dabei ist zudem einer
> - **willensunabhängigen** technischen Schutzmaßnahme (z.B. integrierte Absaugung, Formschlüssigkeit) **Priorität** gegenüber einer
> - **willensabhängigen** technischen Schutzmaßnahme (z.B. flexible Absaugung)
>
> einzuräumen.

Organisatorische Schutzmaßnahmen sind **immer** willensabhängig, denn jemand muss „die Schutzmaßnahme, z.B. eine Unterweisung, organisieren".

Auch **personenbezogene** Schutzmaßnahmen sind **immer** willensabhängig, denn der Beschäftigte muss es „wollen, den Atemschutz oder die Handschuhe" anzuziehen.

Was heißt dies nun für die oben aufgeführten Beispiele „bewegliche Quellenabsaugung" und „integrierte Absaugung"?

Die richtige Positionierung der Quellenabsaugung an der Emissionsquelle ist nicht automatisch gewährleistet. Insofern bietet sie geringeren Schutz als eine integrierte Absaugung.

In Bildern ausgedrückt:

4.22 Übungen

Die oben beschriebenen Voraussetzungen für die Substitution bei giftigen, sehr giftigen und CMR$_{(F)}$-Gefahrstoffen der Kategorien 1 oder 2 (CLP-Verordnung: 1A oder 1B) werden in den folgenden **Übungsaufgaben** noch einmal vertieft.

4. Grundlagen der Substitution

Übungsaufgabe 6: Substitutionspflicht bei Reduzierung der Gefährdung

Bei Tätigkeiten mit lebensgefährlichen, |g| | | | |, krebserzeugenden, |e| | | | | | | | | | | | oder |f|r| | | | | | | | | | -gefährdenden Gefahrstoffen (Kategorie 1A oder 1B gemäß CLP-Verordnung) |m| | | eine Substitution immer erfolgen, wenn Alternativen

☑ **technisch** |m| | | | | sind und

☑ zu einer insgesamt |g| | | | | | | | **Gefährdung** der Beschäftigten führen.

Übungsaufgabe 7: Substitution trotz Steigerung der Kosten

|H| | | | **Kosten** einer Ersatzlösung führen **nicht automatisch** zur Beurteilung „nicht anzuwenden".

Insbesondere wenn die zu ersetzenden Stoffe eine |h| | | **Gefährdung** auslösen, ist der |V|r|r| | | | | | | der Gefährdung ein **hohes** Gewicht beizumessen.

5. Kriterien zur Gefahrenabschätzung

Ziel der Substitution ist es, die Gefahren bzw. die Gefährdung zu **reduzieren**. Für die Gefahren bzw. die Gefährdung gibt es eine **Vielzahl an Kriterien**, die im folgenden Kapitel näher beschrieben werden.

5.1 Leitkriterien der TRGS 600

Die TRGS 600 nennt zahlreiche Leitkriterien, um die **Vorauswahl** von Substitutionsmöglichkeiten zu **erleichtern** und so die **Gefahren** beim Einsatz von Gefahrstoffen zu **verringern**. Sie legt z.B. detailliert fest, wie sich Gefährdungen aufgrund der gesundheitsgefährlichen Eigenschaften, der physikalisch-chemischen Eigenschaften und dem Freisetzungsverhalten eines Stoffes durch Substitution reduzieren lassen.

Die Angaben aus der TRGS 600 werden hier zur besseren Übersichtlichkeit in Form von Tabellen dargestellt. Gleichzeitig sind die Angaben an die neue Gefahrstoffkennzeichnung nach CLP-Verordnung angepasst.

Tabelle 36: Leitkriterien aus TRGS 600 Nr. 4 Abs. 3: Gesundheitsgefährliche Eigenschaften, redaktionell an die CLP-Verordnung angepasst und um Piktogramme ergänzt

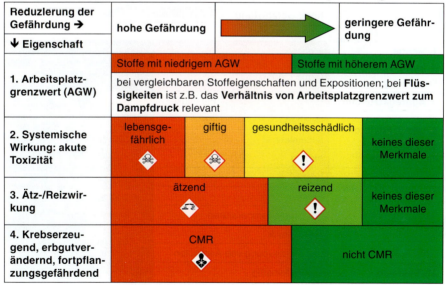

5. Kriterien zur Gefahrenabschätzung

Tabelle 37: Leitkriterien aus TRGS 600 Nr. 4 Abs. 4: Physikalisch-chemische Eigenschaften, redaktionell an die CLP-Verordnung angepasst und um Piktogramme ergänzt

Reduzierung der Gefährdung → ↓ Eigenschaft	hohe Gefährdung			geringere Gefährdung
1. Entzündbarkeit	extrem entzündbar (H224) oder pyrophor (H250)	leicht entzündbar (H225)	entzündbar (H226)	keines dieser Merkmale
2. oxidierend (früher: brandfördernd)		oxidierend		nicht oxidierend
3. explosiv (früher: explosionsgefährlich)		explosiv		nicht explosiv

Tabelle 38: Leitkriterien aus TRGS 600 Nr. 4 Abs. 5: Freisetzungspotenzial

Reduzierung der Gefährdung → ↓ Eigenschaft	hohe Gefährdung		geringere Gefährdung
1. Menge	groß		klein
2. Verfahren mit Benetzung	große Flächen		kleine Flächen
3. Aggregatzustand	Gas	Flüssigkeit	Paste
4. und 5. Feststoff	staubend		nicht staubend
	sublimierend		nicht sublimierend
6a. Siedepunkt	niedrig		hoch
6b. Dampfdruck	hoch		niedrig
7 bis 10. Verfahren	offen		geschlossen
	bei hohen Temperaturen		bei Raumtemperatur
	unter Druck		drucklos
	unter Erzeugung von Aerosolen		aerosolfrei
11. Systeme	lösemittelhaltig		wässrig

5. Kriterien zur Gefahrenabschätzung

Die folgenden beiden Übungsaufgaben verdeutlichen nochmals die Reduzierung der Gefährdung bei den gesundheitsbasierten bzw. den physikalisch-chemischen Leitkriterien. Das in den Aufgaben verwendete Zeichen „>" bedeutet: „höhere Gefährdung zu erwarten als bei".

Übungsaufgabe 8: Gesundheitsbasierte Leitkriterien

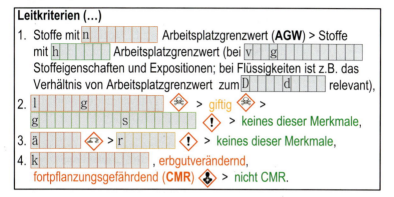

Übungsaufgabe 9: Physikalisch-chemische Leitkriterien

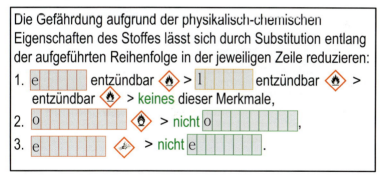

Auf einige der in den Tabellen 36 bis 38 genannten Leitkriterien wird in den folgenden Abschnitten näher eingegangen.

5.2 Gesundheitsgefahren – akute und chronische

Eine detaillierte Betrachtung aller Gesundheitsgefahren finden Sie in den ➔ Kapiteln 3.5 Spaltenmodell der TRGS 600 und 3.6 Wirkfaktoren-Modell der TRGS 600.

5. Kriterien zur Gefahrenabschätzung

5.2.1 Piktogramm „Ätzwirkung"

Beim Piktogramm „Ätzwirkung" ist eine Besonderheit zu beachten: Ätzwirkung ist **nicht gleich** Ätzwirkung.

Es gibt **zwei** Arten von Ätzwirkungen, die mit diesem **einen** Piktogramm symbolisiert werden:

← Auf der **linken** Hälfte des Piktogramms ist die korrosive Wirkung auf Materialien, wie z.B. **Metall**, und auf der **rechten** Hälfte des Piktogramms die Ätzwirkung auf die menschliche **Haut** abgebildet.

Diese beiden unterschiedlichen Arten von Ätzwirkungen sind in zwei **verschiedenen** Rubriken des Spaltenmodells zu finden.

Tabelle 39: Akute Gesundheitsgefahren und physikalisch-chemische Gefahren je nach H-Satz für das Piktogramm „Ätzwirkung", Quelle: [IFA-GHS], redaktionell um die Gefahrenpiktogramme ergänzt

Gefahr	akute Gesundheit Piktogramm:	physikalisch-chemisch (Brand, Explosion, Korrosion u.a.) Piktogramm:
sehr hoch		
hoch	• **Hautätzende** Stoffe/Gemische, Kat. 1A (H314)	
mittel	• **Hautätzende** Stoffe/Gemische, Kat. 1B, 1C (H314, pH ≥ 11,5, pH ≤ 2) • **Augenschädigende** Stoffe/Gemische (H318)	Stoffe/Gemische, die gegenüber **Metallen korrosiv** sind (H290)
gering		

Die Metallkorrosion wird nur der Gefahrenstufe „mittel" zugeordnet, während die Ätzwirkungen auf die Augen bzw. die Haut den Gefahrenstufen „hoch" bzw. „mittel" zuzuordnen sind.

Das Piktogramm „Ätzwirkung" findet sich also in **zwei** unterschiedlichen Gefahrenstufen und Spalten wieder. Die **H-Sätze** bezeichnen die Gefahren **genauer** als das Piktogramm „Ätzwirkung" und sind deshalb bei der Substitutionsprüfung heranzuziehen.

5. Kriterien zur Gefahrenabschätzung

5.2.2 Piktogramm „Gesundheitsgefahr"

Noch **unterschiedlicher** als beim Piktogramm „Ätzwirkung" sind die **Gefahrenstufen** beim Piktogramm „Gesundheitsgefahr" verteilt. Im Spaltenmodell ist das Piktogramm „Gesundheitsgefahr" insgesamt bei **vier** verschiedenen Gefahrenstufen (von „sehr hoch" bis „gering") vorhanden.
Bei der Anwendung des Spaltenmodells ist die Höhe der Gefahrenstufe daher **immer** über die Gefahrenhinweise (H-Sätze) und **nicht** anhand des Gefahrenpiktogramms zu ermitteln.

Tabelle 40: Akute und chronische Gesundheitsgefahren je nach H-Satz für das Piktogramm „Gesundheitsgefahr", Quelle: [IFA-GHS], redaktionell um die Gefahrenpiktogramme ergänzt

Gefahr	akute Gesundheit Piktogramm:	chronische Gesundheit Piktogramm:
sehr hoch		• Karzinogene Stoffe/Gemische, Kategorien 1A oder 1B (**H350, H350i**) • Keimzellmutagene Stoffe/Gemische, Kategorien 1A oder 1B (**H340**)
hoch	• Stoffe/Gemische mit spezifischer Zielorgan-Toxizität bei einmaliger Exposition, Kategorie 1: Organschädigung (**H370**) • Atemwegssensibilisierende Stoffe/Gemische (**H334**, Sa)	• Reproduktionstoxische Stoffe/Gemische, Kategorien 1A oder 1B (**H360, H360F, H360D, H360FD, H360Fd, H360Df**) • Karzinogene Stoffe/Gemische, Kategorie 2 (**H351**) • Keimzellmutagene Stoffe/Gemische, Kategorie 2 (**H341**) • Stoffe/Gemische mit spezifischer Zielorgan-Toxizität bei wiederholter Exposition, Kategorie 1: Organschädigung (**H372**)
mittel	• Stoffe/Gemische mit spezifischer Zielorgan-Toxizität bei einmaliger Exposition, Kategorie 2: Mögliche Organschädigung (**H371**)	• Reproduktionstoxische Stoffe/Gemische, Kategorie 2 (**H361, H361f, H361d, H361fd**) • Stoffe/Gemische mit spezifischer Zielorgan-Toxizität bei wiederholter Exposition, Kategorie 2: Mögliche Organschädigung (**H373**)
gering	• Stoffe/Gemische mit Aspirationsgefahr (**H304**)	

5. Kriterien zur Gefahrenabschätzung

Merksatz 22: Gefahrenhöhe hat nichts mit den Piktogrammen zu tun.

Für die Beurteilung der Gefahrenhöhe im Spaltenmodell sind **nicht** die Piktogramme, sondern die **H-Sätze entscheidend!**

5.3 Umweltgefahren

Die Umweltgefahren sind im ➔ *Kapitel 3.5 Spaltenmodell der TRGS 600* detailliert beschrieben.

5.4 Brand- und Explosionsgefahren

5.4.1 Flammpunkthöhe

Eine Betrachtung der Brand- und Explosionsgefahren im Detail finden Sie im ➔ *Kapitel 3.5 Spaltenmodell der TRGS 600*.

Bei **Flüssigkeiten**, z.B. vielen Lösemitteln, hat der **Flammpunkt** einen entscheidenden Einfluss auf die Höhe der Gefahrenstufe im Spaltenmodell.

Tabelle 41: Brand- und Explosionsgefahren je nach H-Satz, Quelle: [IFA-GHS], redaktionell um die Gefahrenpiktogramme, Flammpunkte und die Einstufungskriterien für entzündbare Flüssigkeiten aus der CLP-Verordnung ergänzt

Gefahr	Brand- und Explosionsgefahren	Piktogramm	Flammpunkt [°C]
sehr hoch	Entzündbare Flüssigkeiten, Kategorie 1 (**H224**)	🔥	< 23
hoch	Entzündbare Flüssigkeiten, Kategorie 2 (**H225**)		
mittel	Entzündbare Flüssigkeiten, Kategorie 3 (**H226**)		≥ 23 und ≤ 60
gering	**Schwer** entzündbare Stoffe/Gemische (kein H-Satz)	–	> 60 ≤ 100
vernachlässigbar	**Unbrennbare** oder nur **sehr schwer** entzündliche Stoffe/Gemische (kein H-Satz)	–	> 100

5.4.2 Flammpunkt in Verbindung mit Anwendungstemperatur

Neben dem **Flammpunkt** spielt aber auch der sogenannte „**untere Explosionspunkt**" (UEP) eine besondere Rolle.

5. Kriterien zur Gefahrenabschätzung

Flammpunkt und UEP sind gefahrstoffrechtlich wie folgt **definiert**:

> **2.3 Für die Beurteilung der Gefährdung und die Festlegung von Maßnahmen bedeutsame sicherheitstechnische Kenngrößen**
>
> (1) **Flammpunkt** ist die **niedrigste Temperatur**, bei der unter festgelegten **Versuchsbedingungen** eine Flüssigkeit brennbares Gas oder brennbaren Dampf in solcher Menge abgibt, dass bei Kontakt mit einer wirksamen Zündquelle sofort eine **Flamme auftritt**.
>
> (2) Explosionspunkte: **Unterer Explosionspunkt (UEP)** bzw. oberer Explosionspunkt (OEP) einer brennbaren Flüssigkeit ist die **Temperatur**, bei der die Konzentration (Stoffmengenanteil) des gesättigten Dampfes im Gemisch mit Luft die untere bzw. obere **Explosionsgrenze erreicht**.

TRGS 720

Der Unterschied bzw. der **Vorteil** des **unteren Explosionspunkts** gegenüber dem Flammpunkt ist:

> **3.2 Unterer Explosionspunkt**
>
> (…) Der **untere Explosionspunkt** erlaubt eine **genauere Aussage** zur Bildung explosionsfähiger Gemische als der Flammpunkt.

BG Merkblatt R 003

Warum wird dann nicht gleich der UEP bei der Gefährdungsbeurteilung eingesetzt? Der Grund ist, dass es für die **Bestimmung** des **UEP keine genormte Methode gibt**. Im **Sicherheitsdatenblatt** in Abschnitt 9 ist daher nur der Wert für den **Flammpunkt** zu finden.

Die beste Lösung, eine mögliche **Brand- und Explosionsgefahr** von vornherein auszuschließen, wäre, auf **wässrige** Lösungen umzusteigen. Das ist aber **nur in wenigen Fällen realisierbar**.

Eine andere Möglichkeit ist der Einsatz von Stoffen mit entsprechend **hohen Flammpunkten**, wie in der TRGS 722 „Vermeidung oder Einschränkung gefährlicher explosionsfähiger Atmosphäre" beschrieben wird.

5. Kriterien zur Gefahrenabschätzung

TRGS 722

2.2 Vermeiden oder Einschränken von Stoffen, die explosionsfähige Atmosphäre zu bilden vermögen

Es ist zu prüfen, ob **brennbare** Stoffe durch solche ersetzbar sind, die **keine explosionsfähigen Gemische** zu bilden vermögen.

Bemerkung: Beispiele für **Ersatzmöglichkeiten:**
- brennbare Löse- und Reinigungsmittel durch **wässrige** Lösungen,
- Kohlenwasserstoffe mit niedrigem Flammpunkt durch Kohlenwasserstoffe mit einem **ausreichend sicher** über Raum- und Verarbeitungstemperatur liegendem **Flammpunkt** (…)

Was ist ein Flammpunkt, der „**ausreichend sicher**" über der Raum-, Verarbeitungs- bzw. Anwendungstemperatur liegt? Dies wird in der TRGS 721 „Gefährliche explosionsfähige Atmosphäre – Beurteilung der Explosionsgefährdung" ausgeführt:

TRGS 721

3.2 Beurteilung des Auftretens explosionsfähiger Atmosphäre

(4) (…) Liegt z.B. die maximale Verarbeitungstemperatur **über** dem UEP der Flüssigkeit, so **können** explosionsfähige Dampf/Luft-Gemische **vorhanden** sein. Sofern der jeweilige UEP **nicht bekannt** ist, kann er in den folgenden beiden Fällen wie dargestellt **abgeschätzt** werden:
- bei **reinen**, nicht halogenierten Flüssigkeiten **5 K unter** dem Flammpunkt,
- bei Lösemittel-**Gemischen** ohne halogenierte Komponente **15 K unter** dem Flammpunkt.

Hinweis: Bei **halogenierten** Flüssigkeiten wie Dichlormethan, Trichlormethan oder Tetrachlormethan kann **kein** Flammpunkt **bestimmt** werden. Die **Messmethoden** zur Bestimmung des Flammpunkts können bei diesen Stoffen **nicht** angewendet werden. Daher findet man in den Sicherheitsdatenblättern dieser Stoffe in Abschnitt 9 – Physikalische und chemische Eigenschaften – Angaben wie:

- Flammpunkt: Methode (…): nicht entflammbar
- Flammpunkt: nicht anwendbar

Die folgenden Abbildungen verdeutlichen den **Zusammenhang** zwischen Flammpunkt, unterem Explosionspunkt und maximaler Anwendungstemperatur. Zunächst einmal ein Beispiel mit einer **reinen** Flüssigkeit (UEP 5 K unter Flammpunkt):

5. Kriterien zur Gefahrenabschätzung

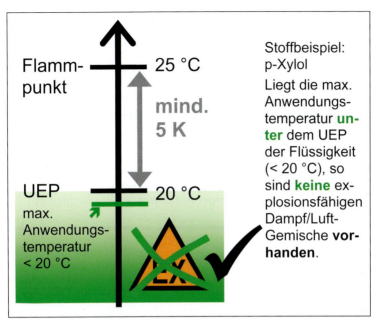

Abbildung 15: Flammpunkt, unterer Explosionspunkt (UEP) und maximale Anwendungstemperatur unter UEP

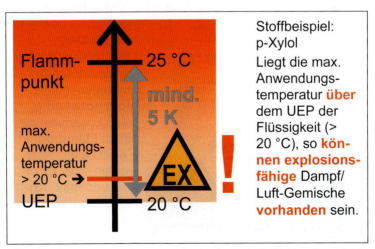

Abbildung 16: Flammpunkt, unterer Explosionspunkt (UEP) und maximale Anwendungstemperatur über UEP

5. Kriterien zur Gefahrenabschätzung

In den **Sommermonaten** – mit Anwendungs- bzw. Raumtemperaturen von **> 20 °C** – kann es daher zur Bildung von **explosionsfähigen Dampf/Luft-Gemischen** kommen.

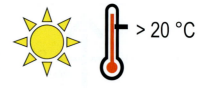

Praxistipp 9: Einsatz von Stoffen mit „hohem" Flammpunkt

> Wenn es möglich ist, Stoffe oder Gemische einzusetzen, deren **Flammpunkt ausreichend hoch** bzw. **ausreichend weit weg** von der **Anwendungstemperatur** (oft Raumtemperatur) ist, dann brauchen **keine Schutzmaßnahmen** mehr wegen möglicher Bildung von **explosionsfähiger Atmosphäre** berücksichtigt zu werden.

Im LASI-Leitfaden LV 24 findet man hierzu das folgende **Praxisbeispiel**: Explosionsschutzmaßnahmen an Siebdruckmaschinen sind **nicht** notwendig, wenn Lösemittel mit einem **Flammpunkt > 40 °C** eingesetzt werden und gleichzeitig für eine **ausreichende Belüftung** gesorgt ist. [LASI LV 24]

Als Beispiel wird ein Lösemittelgemisch (UEP 15 K unter Flammpunkt) herangezogen.

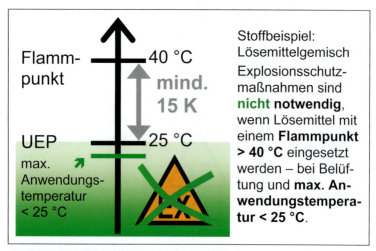

Abbildung 17: Flammpunkt und unterer Explosionspunkt (UEP) bei Lösemittel-Gemischen

5. Kriterien zur Gefahrenabschätzung

Der Zusammenhang zwischen **Flammpunkthöhe** und **Explosionsschutzmaßnahmen** kann mit der folgenden Übungsaufgabe wiederholt werden.

Übungsaufgabe 10: Flammpunkthöhe bei Flüssigkeiten

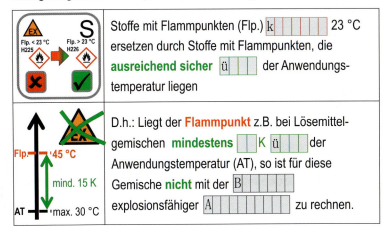

Stoffe mit Flammpunkten (Flp.) k   23 °C ersetzen durch Stoffe mit Flammpunkten, die **ausreichend sicher** ü   der Anwendungstemperatur liegen

D.h.: Liegt der **Flammpunkt** z.B. bei Lösemittelgemischen **mindestens**   K ü   der Anwendungstemperatur (AT), so ist für diese Gemische **nicht** mit der B explosionsfähiger A   zu rechnen.

5.5 Gefahren durch das Freisetzungsverhalten

5.5.1 Aggregatzustand

Eine **sehr hohe** Gefahr geht grundsätzlich von

- **Gasen**,
- **staubenden** Feststoffen oder
- **Aerosolen**

aus. Eine Definition des Begriffs „Aerosol" befindet sich in ➔ *Kapitel 5.6.5 Aerosole – aerosolfreie Verfahren*.

Bei **Flüssigkeiten** ist das **Freisetzungsverhalten** und die damit verbundene Gefahr von der Höhe des **Dampfdrucks** abhängig, wie die folgende Tabelle zeigt.

5. Kriterien zur Gefahrenabschätzung

Tabelle 42: Freisetzungsverhalten, Quelle: [IFA-GHS], redaktionell bearbeitet

Gefahr	Freisetzungsverhalten			
	Feststoffe	Flüssigkeiten mit einem Dampfdruck [hPa]	Gase	Aerosole
sehr hoch	staubend	> 250	Gase	Aerosole
hoch	–	50 bis 250	–	–
mittel	–	10 bis 50	–	–
gering	–	2 bis 10	–	–
vernachlässigbar	nicht staubend	< 2	–	–

5.5.2 Siedepunkt

Informationen zur Beurteilung der **Freisetzung** von Dämpfen in Abhängigkeit des **Siedepunkts** bei Flüssigkeiten ➔ *Kapitel 5.6.2 Höhere Anwendungstemperatur – Raumtemperatur.*

5.5.3 Dampfdruck

Ziel der Substitution ist es, bei der **Gesamtbetrachtung** aller Leitkriterien eine **Minimierung** der Gefährdung zu erreichen.

Im Rahmen der Substitutionsprüfung kann es dabei durchaus vorkommen, dass das **Freisetzungsverhalten** – hier also die Höhe des Dampfdrucks – **im Einzelfall entscheidender** ist als z.B. die Höhe der Gesundheitsgefahren.

Das gilt aber **nur** für die Gefahrenstufe „**vernachlässigbar**" in der Spalte „Freisetzungsverhalten", also für Flüssigkeiten mit **sehr geringem Dampfdruck** oder aber bei einem **beträchtlichen Unterschied** der Dampfdrücke von Stoff und möglichem Ersatzstoff.

4. Leitkriterien für die Vorauswahl aussichtsreicher Substitutionsmöglichkeiten

(7) (...) So kann es z.B. im Einzelfall zu einer insgesamt **geringeren** gesundheitlichen Gefährdung führen, einen Stoff mit **gefährlicheren** Eigenschaften **einzusetzen**, der (...) einen **sehr geringen** Dampfdruck besitzt, als einen Stoff mit **weniger** gefährlichen Eigenschaften, der aber (...) einen **beträchtlich höheren** Dampfdruck besitzt.

5. Kriterien zur Gefahrenabschätzung

Welche Einzelfälle können dies sein? Zur Illustration ein Stoffbeispiel: Dimethylsulfat ist aufgrund seiner Kennzeichnung mit den Gefahrenhinweisen **H330** und **H350** mit **sehr hohen** Gesundheitsgefahren verbunden. Der **Dampfdruck** von nur **0,35 hPa** bei 20 °C ist der Gefahrenstufe **vernachlässigbar** zuzuordnen.

In den folgenden Tabellen sind die H-Sätze, die Wassergefährdungsklasse (WGK) und der Dampfdruck den Gefahrenstufen aus dem Spaltenmodell zugeordnet und entsprechend farbig hinterlegt:

Tabelle 43: Stoffeigenschaften von Dimethylsulfat, Quellen: [C&L-Datenbank] und [GESTIS-Stoffdatenbank]

Name	Dimethylsulfat	CAS-Nr.	77-78-1
H-Sätze	H330: Lebensgefahr bei Einatmen. H350: Kann Krebs erzeugen. H301: Giftig bei Verschlucken. H341: Kann vermutlich genetische Defekte verursachen. H317: Kann allergische Hautreaktionen verursachen. H314: Verursacht schwere Verätzungen der Haut und schwere Augenschäden.		
Piktogramme		WGK	3
		Dampfdruck	0,35 hPa (20 °C)

Bewertet man den Stoff nach dem Spaltenmodell, ergeben sich folgende Gefahrenstufen:

Tabelle 44: Dimethylsulfat – Bewertung nach Spaltenmodell

Gefahr	akute und chronische Gesundheit	Umwelt	Brand und Explosion	Freisetzungsverhalten
sehr hoch	H330; H350*)	WGK 3		
hoch				
mittel				
gering				
vernachlässigbar				Dampfdruck: 0,35 hPa (20 °C)

*) Ausschlaggebend ist jeweils die **höchste** Gefahrenstufe.

5. Kriterien zur Gefahrenabschätzung

Durch den geringen Dampfdruck ist die Freisetzungsgefahr bezogen auf die „**inhalative**" Exposition (Einatmen) nur noch **sehr gering**. Damit relativiert der niedrige Dampfdruck zwar den Gefahrensatz H330 „Lebensgefahr bei **Einatmen**", **nicht** aber den Gefahrensatz H350 „Kann **Krebs** erzeugen". Dies gilt auch für die **anderen** Expositionswege „oral" (Verschlucken, hier H301) oder „dermal" (Hautkontakt, hier H317 und H314). Die **Gesundheitsgefahr** bleibt damit weiterhin in der Gefahrenstufe „sehr hoch" – trotz des sehr niedrigen Dampfdrucks.

Merksatz 23: Freisetzungsverhalten gegen Gesundheitsgefahren

> Die Freisetzungsgefahr bezogen auf die **inhalative** Exposition (**Einatmen**) ist bei Flüssigkeiten mit sehr geringen Dampfdrücken nur noch sehr **gering**.
>
> Aber: Die Gesundheitsgefahren bezogen auf die
> - dermale Exposition (**Hautkontakt** mit der Flüssigkeit) oder
> - orale Exposition (**Verschlucken** der Flüssigkeit)
>
> sind unverändert **hoch**.

Praxistipp 10: Freisetzungsverhalten gegen Gesundheitsgefahren

> Auch wenn z.B. von einer Flüssigkeit mit einem **sehr geringen** Dampfdruck von < 2 hPa (bei 20 °C) nur eine „**vernachlässigbare**" Freisetzungsgefahr ausgeht, sollten insbesondere Gefahrstoffe mit **sehr hohen** bzw. **hohen Gesundheitsgefahren** mit hoher Priorität substituiert werden.

5.5.4 Gefährdungszahl bei Flüssigkeiten

Bei der Freisetzungsgefahr von **Flüssigkeiten** ist neben der Dampfdruckhöhe auch die **Höhe** des **Arbeitsplatzgrenzwertes** entscheidend.

In → *Tabelle 36 auf Seite 107* wird als erstes Leitkriterium für Substitutionsmöglichkeiten die **Höhe des Arbeitsplatzgrenzwertes** genannt.

Allerdings wird zwischen Flüssigkeiten und Feststoffen unterschieden: Bei **Flüssigkeiten** ist nicht der Arbeitsplatzgrenzwert (AGW) allein relevant, sondern das **Verhältnis**, in welchem er **zum Dampfdruck** steht.

Im Folgenden wird dieses Verhältnis von Arbeitsplatzgrenzwert zum Dampfdruck näher erklärt.

5. Kriterien zur Gefahrenabschätzung

Dazu werden die Arbeitsplatzgrenzwerte von drei Flüssigkeiten, deren Dampfdrücke und die sogenannten **Gefährdungszahlen** gegenübergestellt:

- Aceton
- Dichlormethan
- Dibasische Ester (DBE)

Zuerst folgt der Vergleich der **Arbeitsplatzgrenzwerte**:

Tabelle 45: Gefährdung aufgrund der Arbeitsplatzgrenzwerte (AGW), Quelle AGW: [TRGS 900]

Stoffe	AGW [mg/m³]	Gefährdung „nur" aufgrund AGW-Höhe
Aceton	1.200	gering
Dichlormethan	260	
Dibasische Ester (DBE) (Gemische aus Dimethyladipat, Dimethylglutarat und Dimethylsuccinat)	8	hoch

Das Zwischenergebnis **nur** (!) aufgrund des Vergleichs der „Höhe der Arbeitsplatzgrenzwerte" lautet: Aceton und Dichlormethan sind „**sicherer**", da deren **Grenzwerte** um ein Vielfaches **höher** liegen als der von DBE.

Eine weitere notwendige Kenngröße zum Vergleich der inhalativen Gefährdung ist die **Flüchtigkeit** eines Stoffes, ausgedrückt durch den **Dampfdruck**.

Wenn man nur die Dampfdrücke miteinander vergleicht, ergibt sich ein **anderes** Zwischenergebnis:

Tabelle 46: Dampfdrücke, Quellen: [GESTIS-Stoffdatenbank] bzw. [Fachartikel MAK-Wert]

Stoffe	Dampfdruck [mbar, 20 °C]	Gefährdung „nur" aufgrund Dampfdruckhöhe
Dibasische Ester (DBE) (Gemische aus Dimethyladipat, Dimethylglutarat und Dimethylsuccinat)	8	gering
Aceton	246	
Dichlormethan	470	hoch

5. Kriterien zur Gefahrenabschätzung

Aceton hat zwar den **höchsten** Arbeitsplatzgrenzwert, aber **auch** einen relativ **hohen** Dampfdruck.

Dadurch wird der **Arbeitsplatzgrenzwert** bei Aceton schneller erreicht und ggf. **überschritten**. Dasselbe gilt für Dichlormethan. [Fachartikel Gesundheitsgefährdungen]

Dibasische Ester mit einem zwar relativ **niedrigen Arbeitsplatzgrenzwert**, aber gleichzeitig auch einem **viel niedrigeren** Dampfdruck sind daher als ein „weniger gefährliches" Lösemittel anzusehen, weil sie viel **langsamer verdunsten** und unter Normalbedingungen ihren **Grenzwert** eventuell gar **nicht erreichen**. [Fachartikel MAK-Wert]

Damit sollte klar sein:

Nur der Vergleich der **Grenzwerte** oder **nur** der Vergleich der **Dampfdrücke** **reicht** für die Einschätzung der Gefährdung (noch) **nicht** aus.

Erst wenn man das **Verhältnis** von Arbeitsplatzgrenzwert zu Dampfdruck betrachtet, erhält man einen **aussagekräftigen** Vergleich der inhalativen Gefährdungen, ausgedrückt in der sogenannten **Gefährdungszahl**.

Die **Gefährdungszahl berechnet** sich wie folgt:

$$\text{Gefährdungszahl (GZ)} = \frac{\text{Sättigungskonzentration} \left[\frac{mg}{m^3}\right]}{\text{Grenzwert} \left[\frac{mg}{m^3}\right]}$$

$$GZ_{,\,20\,°C} = \frac{10(6) \times 273{,}15\,[K] \times \text{Dampfdruck [hPa, 20 °C]} \times \text{Molmasse}\left[\frac{g}{mol}\right]}{293{,}15\,[K] \times 1013{,}25\,[hPa] \times 22{,}4\left[\frac{l}{mol}\right] \times \text{Grenzwert}\left[\frac{mg}{m^3}\right]}$$

$$GZ_{,\,20\,°C} = \frac{41 \times \text{Dampfdruck [hPa, 20 °C]} \times \text{Molmasse}\left[\frac{g}{mol}\right]}{\text{Grenzwert}\left[\frac{mg}{m^3}\right]}$$

(Der Faktor „**41**", bezogen auf eine Temperatur von 20 °C, fasst bereits die fixen Parameter bei 20 °C zu einem Faktor zusammen.)

5. Kriterien zur Gefahrenabschätzung

Dabei bedeutet eine **hohe** Gefährdungszahl eine **hohe** Gefährdung, eine **niedrige** Gefährdungszahl eine **niedrigere** Gefährdung. [Fachartikel Gesundheitsgefährdungen]

Für unsere drei Flüssigkeiten ergeben sich folgende Gefährdungszahlen:

Tabelle 47: Gefährdungszahlen, Quelle: [Fachartikel Gesundheitsgefährdungen]

Stoffe	Gefährdungszahl	Gefährdung aufgrund Höhe der Gefährdungszahl
Dibasische Ester (DBE) (Gemische aus Dimethyladipat, Dimethylglutarat und Dimethylsuccinat)	50	gering
Aceton	467	
Dichlormethan	6.300	hoch

Was bedeutet dies nun für den Arbeitsplatzgrenzwert bzw. dessen Einhaltung? Dies wird in Abbildung 18 erklärt:

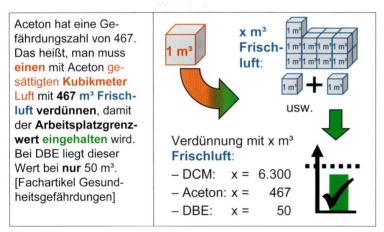

Aceton hat eine Gefährdungszahl von 467. Das heißt, man muss **einen** mit Aceton gesättigten **Kubikmeter Luft** mit **467 m³ Frischluft verdünnen**, damit der **Arbeitsplatzgrenzwert eingehalten** wird. Bei DBE liegt dieser Wert bei **nur** 50 m³. [Fachartikel Gesundheitsgefährdungen]

Verdünnung mit x m³ **Frischluft**:
– DCM: x = 6.300
– Aceton: x = 467
– DBE: x = 50

Abbildung 18: Gefährdungszahl: Verdünnungsfaktor, um Grenzwert einzuhalten

5. Kriterien zur Gefahrenabschätzung

Merksatz 24: Vergleich von Flüssigkeiten mittels Gefährdungszahl

Die **Gefährdungszahl** ist ein sehr **hilfreiches Instrument**, um die inhalative **Gefährdung** bei der Freisetzung von vielen verschiedenen Flüssigkeitsdämpfen an einem Arbeitsplatz miteinander zu **vergleichen**.

Die Gefährdungszahl ist von der **Temperatur abhängig**. Konkret lässt sich dies an den unterschiedlichen Formeln – je nach Temperatur – zur Berechnung der Gefährdungszahl ablesen.

Tabelle 48: Berechnung der Gefährdungszahl in Abhängigkeit der Temperatur

Temperatur [°C]	Formel für die Berechnung der Gefährdungszahl (GZ) bei unterschiedlichen Temperaturen
20	$GZ_{(20\,°C)} = \dfrac{41{,}0 \times \text{Dampfdruck [hPa, 20 °C]} \times \text{Molmasse [g/mol]}}{\text{Grenzwert [mg/m}^3\text{]}}$
30	$GZ_{(30\,°C)} = \dfrac{39{,}7 \times \text{Dampfdruck [hPa, 30 °C]} \times \text{Molmasse [g/mol]}}{\text{Grenzwert [mg/m}^3\text{]}}$
50	$GZ_{(50\,°C)} = \dfrac{37{,}2 \times \text{Dampfdruck [hPa, 50 °C]} \times \text{Molmasse [g/mol]}}{\text{Grenzwert [mg/m}^3\text{]}}$

Mit zunehmenden Temperaturen wird der Faktor vor dem Dampfdruck kleiner, während der Dampfdruck selbst ansteigt.

Tabelle 49: Dampfdrücke und Gefährdungszahlen von Methanol und Tetrahydrofuran (THF) bei unterschiedlichen Temperaturen, Quelle: [GESTIS-Stoffdatenbank]

Temperatur [°C]	Dampfdruck [hPa] Methanol	Gefährdungszahl Methanol (gerundet)	Dampfdruck [hPa] THF	Gefährdungszahl THF (gerundet)
20	129	630	173	3.400
30	200	940	268	5.100
50	552	2.400	586	10.000

Beim Vergleich von zwei Substanzen muss deshalb darauf geachtet werden, dass jeweils die **Dampfdrücke bzw. die Gefährdungszahlen bei gleicher Temperatur verglichen** werden. In vielen Fällen wird eine **Raumtemperatur** von 20 °C zutreffen.

5. Kriterien zur Gefahrenabschätzung

Oft ergeben sich durch **unterschiedliche Literaturangaben** zum Dampfdruck **unterschiedliche** Werte für die Gefährdungszahl (z.B. Aceton: 467 oder 488). **Entscheidend** für die Beurteilung der Gefährdung und die Auswahl von Schutzmaßnahmen ist aber nicht der exakte Wert, sondern die **Größenordnung** der Gefährdungszahl.

Die folgende Tabelle zeigt den Zusammenhang zwischen der Höhe der Gefährdungszahl und **Maßnahmen** bei Grenzwertüberschreitung. Dieser Sachverhalt stammt aus dem inzwischen **zurückgezogenen BG Merkblatt M 051** „Gefährliche chemische Stoffe", das aber nach wie vor für die (vergleichende) Gefährdungsbeurteilung von Flüssigkeiten sehr hilfreich ist.

Tabelle 50: Grenzwertüberschreitung je nach Gefährdungszahl, Quelle: [BG Merkblatt M 051]

Kategorie	GZ (Flüssigkeit)	Bemerkung: Grenzwertüberschreitung ...	Risiko
5	GZ > 1.000	ist nur durch optimale Maßnahmen zu vermeiden.	hoch
4	100 < GZ < 1.000	ist ohne Einleitung von Maßnahmen nicht auszuschließen.	
3	10 < GZ < 100	muss insbesondere bei offener Handhabung in Betracht gezogen werden.	
2	1 < GZ < 10	ist nicht sehr wahrscheinlich.	
1	GZ < 1	ist nicht relevant.	gering

Für einige ausgewählte Stoffe sind die Gefährdungszahlen in Abbildung 19 auf der folgenden Seite diagrammartig dargestellt.

5. Kriterien zur Gefahrenabschätzung

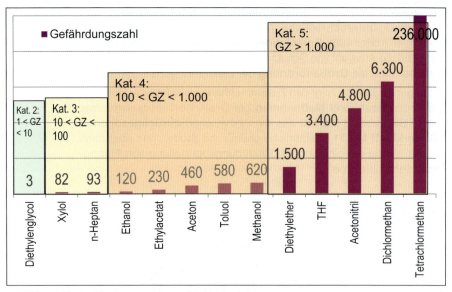

Abbildung 19: Gefährdungszahlen – Stoffbeispiele

Leider wird in der Praxis immer noch oft die Höhe der Arbeitsplatzgrenzwerte miteinander verglichen und **nicht** die Höhe der Gefährdungszahlen. Die Folge davon ist, dass unter Umständen über die **Auswahl von Schutzmaßnahmen falsch** entschieden wird: „Bei einem so hohen Grenzwert brauchen wir **keine** Quellenabsaugung." [Fachartikel Gesundheitsgefährdungen]

Es stellt sich abschließend die Frage, ab welchem **Unterschied** der **Gefährdungszahlen** eine **Substitution** zu empfehlen ist:

Praxistipp 11: Substitution ab einem Faktor von 5

Eine Substitution ist zu empfehlen, wenn die **Gefährdungszahl** für den Ersatzstoff **mindestens 5-fach** geringer ist als die des zu ersetzenden Stoffes. [Fachartikel OPI]

5.5.5 Staubungsverhalten bei Feststoffen

Ganz allgemein kann man sagen, dass Verfahren mit **Stäuben schwerer** zu beherrschen sind als Verfahren mit **Flüssigkeiten**.

5. Kriterien zur Gefahrenabschätzung

6.8 Schutzmaßnahmen aufgrund der Stoffeinstufungen

(...) Dabei werden insbesondere **staubführende** Prozesse betrachtet, die in der Regel **schwerer** zu beherrschen sind als **flüssigkeitsführende** Prozesse.

7.6.1.7 Kombinationen von (...) Schutzmaßnahmen bei Tätigkeiten mit Wirkstoffen

(...) **Gelöste** Wirkstoffe sind als **weniger kritisch** zu betrachten als **feste** staubende Wirkstoffe.

Die Gefahrstoffverordnung fordert, dass bei der **Gefährdungsbeurteilung** von Feststoffen das **Staubungsverhalten berücksichtigt** wird:

Anhang I Nummer 2 Partikelförmige Gefahrstoffe

2.3 Ergänzende Schutzmaßnahmen für Tätigkeiten mit Exposition gegenüber einatembaren Stäuben

(1) Die Gefährdungsbeurteilung nach § 6 bei Tätigkeiten mit Stoffen, Zubereitungen und Erzeugnissen, die Stäube freisetzen können, ist unter **Beachtung ihres Staubungsverhaltens** vorzunehmen.

Eine **Definition** für das **Staubungsverhalten** findet sich in den Begriffsbestimmungen der TRGS 559 „Mineralischer Staub":

2.5 Staubungsverhalten

(1) **Staubungsverhalten** ist die Eigenschaft von Schüttgütern (Stoffen, Zubereitungen und Erzeugnissen), bei einer bestimmten Art von Tätigkeit **luftgetragene Stäube zu entwickeln und freizusetzen**.

Das Staubungsverhalten von Feststoffen kann bei einer Substitutionsprüfung **im Einzelfall** sogar **entscheidender** sein als z.B. die Höhe der Gesundheitsgefahren.

Das gilt aber **nur** für die Gefahrenstufe **„vernachlässigbar"** in der Spalte „Freisetzungsverhalten", also bei Feststoffen in **nicht staubender Form**.

5. Kriterien zur Gefahrenabschätzung

4. Leitkriterien für die Vorauswahl aussichtsreicher Substitutionsmöglichkeiten

(7) (...) So kann es z.b. im Einzelfall zu einer insgesamt **geringeren** gesundheitlichen Gefährdung führen, einen **Stoff mit gefährlicheren Eigenschaften einzusetzen**, der in einer **nicht staubenden Form** erhältlich ist (...) als einen Stoff mit **weniger** gefährlichen Eigenschaften, der aber **nur in staubender** Form am Markt verfügbar ist (...).

Im Spaltenmodell der TRGS 600 wird die Gefährdung durch das Staubungsverhalten nur sehr **grob unterschieden** in „**sehr hoch**" bzw. „**vernachlässigbar**".

Tabelle 51: Spaltenmodell der TRGS 600: Freisetzungsverhalten bezogen auf Feststoffe

Gefahr	Freisetzungsverhalten
sehr hoch	**staubende** Feststoffe
hoch	keine Angabe
mittel	keine Angabe
gering	keine Angabe
vernachlässigbar	**nicht** staubende Feststoffe

Genauere Angaben zum Staubungsverhalten sind im „Einfachen Maßnahmenkonzept Gefahrstoffe" (EMKG) genannt, das zumindest drei **Freisetzungsgruppen** unterscheidet.

Tabelle 52: Zuordnung der Freisetzungsgruppe für Feststoffe (Stäube), Quelle: [EMKG]

Informationen zum Staubungsverhalten	Freisetzungsgruppe
Ist der Gefahrstoff **feinpulvrig** oder entstehen bei der Tätigkeit **Staubwolken**, die **einige Minuten in der Luft bleiben können**, so ist das Staubungsverhalten **hoch**, z.B. Mehl, Toner, Aerosole.	hoch
Ist der Gefahrstoff **grobpulvrig** oder entsteht bei der Tätigkeit Staub, der sich nach **kurzer Zeit wieder setzt** und findet sich Staub auf umliegenden Oberflächen, so ist das Staubungsverhalten **mittel**, z.B. Waschmittelpulver, Zucker.	mittel
Liegt der Gefahrstoff als Pellet, Wachs oder Granulat vor oder **entsteht** bei der Tätigkeit nur **sehr wenig Staub**, so ist das Staubungsverhalten **niedrig**.	niedrig

5. Kriterien zur Gefahrenabschätzung

Feststoffformen, die **weniger** stauben, werden auch als **emissionsarm** bezeichnet. In der TRGS 400 werden sie beispielhaft genannt:

> **6.2 Tätigkeiten mit geringer Gefährdung**
> 2. (…) Eine niedrige inhalative Exposition kann z.B. bei Feststoffen unter Einsatz emissionsarmer Verwendungsformen wie **Pasten, Wachse, Granulate, Pellets oder Masterbatches** vorliegen.

Warum stauben z.B. Pellets oder Granulate besonders wenig?

Je **weniger** die einzelnen Teilchen im Schüttgut mit **Luft umhüllt** sind, desto weniger neigen sie zur Verstaubung. Durch die **Verringerung des Luftanteils** in der Schüttung wird die **Entstehung eines Staub-Luft-Gemisches** (Aero-Suspension) **reduziert**. Um dies zu erreichen, werden staubförmige Materialien manchmal als Pellets oder als Granulat angeboten. [Staub Regel]

5.5.6 Staubklasse gemäß DIN EN 15051

Alle bisher genannten Unterscheidungen des Staubungsverhaltens basieren nur auf **qualitativen** Umschreibungen, wie „hoch", „mittel" oder „niedrig" bzw. „staubend" oder „nicht staubend".

Quantitative Kenngrößen sind nur schwer und meist **nicht** mittels **Sicherheitsdatenblatt** zu ermitteln. [Fachartikel Brand- und Explosionsgefahren EMKG]

Es ist aber auch möglich, das Staubungsverhalten **quantitativ** zu messen: Die DIN EN 15051 definiert anhand von **Massenanteilen** des Staubes, wann ein Material als „**stark staubend**" und wann als „**staubarm**", bezogen auf die verschiedenen Staubfraktionen, bezeichnet werden kann.

Im Zusammenhang mit diesen Massenanteilen definiert die TRGS 559 die sogenannte **Staubungszahl**, bezogen auf die DIN EN 15051:

> **2.6 Staubungszahl**
> Die **Staubungszahl** ist der Quotient aus der jeweiligen im Staubungsversuch **freigesetzten A- oder E-Staubmasse** (mg) und der **Masse** (kg) des **eingesetzten Materials** (bezogen auf DIN EN 15051).

Die **Staubfraktionen** A-Staub (alveolengängig) und E-Staub (einatembar) sind wie folgt definiert:

5. Kriterien zur Gefahrenabschätzung

Anhang I Nummer 2 Partikelförmige Gefahrstoffe
2.2 Begriffsbestimmungen

(2) **Einatembar** ist derjenige Anteil von Stäuben im Atembereich von Beschäftigten, der über die **Atemwege aufgenommen** werden kann. **Alveolengängig** ist derjenige Anteil von einatembaren Stäuben, der die **Alveolen** und Bronchiolen **erreichen** kann.

Zur Klassifikation des Staubungsverhaltens werden verschiedene **Messverfahren** herangezogen, u.a. das sogenannte „Verfahren mit kontinuierlichem Fall" nach DIN EN 15051-3.

Tabelle 53: Klassifikation für das Staubungsverhalten nach dem Verfahren mit kontinuierlichem Fall, Quelle: [DIN EN 15051-3]

Staubklasse	Massenanteil an Staub in [mg/kg]	
	alveolengängig ($W_{R,B}$)	einatembar ($W_{I,B}$)
staubarm	< 20	< 1.000
gering staubend	20 – 70	1.000 – 4.000
staubend	> 70 – 300	> 4.000 – 15.000
stark staubend	> 300	> 15.000

Praxistipp 12: Untersuchungen von eigenen Proben auf Staubungsverhalten

Unter http://www.igf-bgrci.de/ → Kontakt ist die Möglichkeit gegeben, eigene Proben am IGF (Institut für Gefahrstoff-Forschung) **untersuchen** zu lassen.

Dazu hat das IGF eine Staubungsapparatur entwickelt: http://www.igf-bgrci.de → Staubungsverhalten.

5.5.7 Emissionsfaktoren von Feststoffformen

In der folgenden Abbildung werden die **Emissionsfaktoren** verschieden staubender Feststoffformen dargestellt:

5. Kriterien zur Gefahrenabschätzung

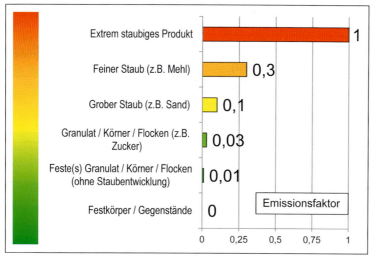

Abbildung 20: Emissionsfaktoren für verschiedene Feststoffformen, Quelle: [Fachartikel Emissionsfaktoren bei Feststoffen], redaktionell bearbeitet

Merksatz 25: Sehr geringe Emissionen bei Granulaten, Körnern u.Ä.

Beim Übergang von
- **feinen** Stäuben (Emissionsfaktor 0,3) über
- **gröbere** Stäube (Emissionsfaktor 0,1) zu
- **Granulaten** (Emissionsfaktor 0,03 bis 0,01)

ergeben sich **deutliche Reduzierungen der** Emissionsfaktoren!

5.5.8 Korngröße und Explosionsgefahr

Neben der **geringeren** Freisetzung bei **grobkörnigen** Feststoffen im Vergleich zu feinpulvrigen Feststoffen ergibt sich noch ein **weiterer Vorteil:** Ab einer bestimmten **Korngröße** des Staubs kann auch eine **Explosionsgefahr vermieden** werden.

5. Kriterien zur Gefahrenabschätzung

Tabelle 54 stellt die **Staubexplosionsfähigkeit** je nach **Korngröße** dar.

Tabelle 54: Staubexplosionsfähigkeit in Abhängigkeit von der Korngröße, Quelle: [BG Merkblatt T 054]

Korngröße	Staubexplosionsfähigkeit
< 0,5 mm	Hier ist grundsätzlich Staubexplosionsfähigkeit anzunehmen.
0,5 – 1 mm	Hier können in Abhängigkeit von den Stäuben im Einzelfall Staubexplosionen auftreten.
> 1 mm	Hier ist nicht mehr mit Staubexplosionen zu rechnen.

Grobstaub mit **Korngrößen größer als 1 mm** wird auch als **Inertstaub** bezeichnet. [BG Merkblatt T 054]

In der betrieblichen Praxis kommt es allerdings auch bei gröberen Stäuben aufgrund der Tätigkeiten zum **Abrieb** bzw. zur Entstehung von **feineren** Stäuben. Das führt zu der Frage, wie **hoch** der **Feinstaubanteil maximal** sein darf, damit **keine Staubexplosionsgefahr** zu erwarten ist. Eine Antwort findet sich im BG Merkblatt T 054:

BG Merkblatt T 054

4.8 Inwieweit wirken Grobstaubanteile als Inertstaub und verhindern somit Staubexplosionen?

(…) Nur wenn der Feinstaubanteil im Gemisch **kleiner als 5 Massen-%** und eine Separierung ausgeschlossen ist, ist keine Staubexplosionsgefahr zu erwarten.

Die folgende Übungsaufgabe wiederholt nochmals die Kernaussagen zum Staubungsverhalten von Feststoffen:

5. Kriterien zur Gefahrenabschätzung

Übungsaufgabe 11: Staubverhalten von Feststoffen

Einsatz emissions	a			Stäube:
		f			staubendes Pulver durch
		g			staubende Granulate oder Pellets
	ersetzen
	Bei |K|								oberhalb von 1 mm („Grob-Staub") ist **NICHT** mehr mit **Staub-** |E|				|e|n| zu rechnen.

5.6 Gefahren durch das Verfahren

Bei **Verfahren** gibt es wie bei Stoffen unterschiedlich großes Gefährdungspotenzial. Entsprechend können auch Verfahren durch weniger gefährliche oder weniger risikobehaftete Verfahren **ersetzt** werden.

5.6.1 Offen – geschlossen

Besondere Bedeutung im Zusammenhang mit der Substitutionsprüfung bzw. mit einer nicht möglichen Substitution hat das sogenannte „**geschlossene**" System:

> **§ 9 Zusätzliche Schutzmaßnahmen**
>
> (2) Der Arbeitgeber hat sicherzustellen, dass Gefahrstoffe in einem **geschlossenen** System hergestellt und verwendet werden, wenn
> 1. die **Substitution** (…), technisch **nicht möglich** ist (…)

Eine **offene** Verarbeitung ist im Spaltenmodell der Gefahrenstufe „**sehr hoch**" zugeordnet.

133

5. Kriterien zur Gefahrenabschätzung

Tabelle 55: Auszug aus Spaltenmodell, Spalte „Verfahren", Quelle: [IFA-GHS], redaktionell bearbeitet

Gefahr	Verarbeitung
sehr hoch	**offene** Verarbeitung
hoch	
mittel	**geschlossene** Verarbeitung mit **Expositionsmöglichkeiten**, z.B. beim Abfüllen, bei der Probenahme oder bei der Reinigung
gering	
vernachlässigbar	

Im Spaltenmodell werden offene bzw. geschlossene Verfahren in Verbindung mit dem sogenannten „**Verfahrensindex**" nach TRGS 500 „Schutzmaßnahmen" näher beschrieben.

Tabelle 56: Auszug aus Spaltenmodell, Spalte „Verfahren", Quelle: [IFA-GHS], redaktionell bearbeitet

Gefahr	Verfahrensindex nach TRGS 500		
	Wert	Offene Bauart	Geschlossene Bauart
sehr hoch	4	• **offene** Bauart bzw. teilweise **offene** Bauart	
hoch	2	• **offen** mit **einfacher** Absaugung • teilweise **offene** Bauart, bestimmungsgemäßes Öffnen mit **einfacher** Absaugung	
mittel	1	• teilweise **offene** Bauart mit **wirksamer** Absaugung	• **geschlossene** Bauart, Dichtheit **nicht** gewährleistet
gering	0,5	• teilweise **offene** Bauart mit **hochwirksamer** Absaugung	• **geschlossene** Bauart, **Dichtheit** gewährleistet • teilweise **geschlossene** Bauart mit **integrierter** Absaugung
vernachlässigbar	0,25		

Der **Verfahrensindex** wird in der TRGS 500 so erklärt: Je **höher** der Verfahrensindex ist, umso „**offener**" ist das Verfahren.

5. Kriterien zur Gefahrenabschätzung

> **6.2.1 Herstellung und Verwendung im geschlossenen System**
>
> (4) Der **Verfahrensindex** charakterisiert das durch die technische Lösung verbleibende **verfahrensbedingte Expositionspotenzial** und kann die Werte 0,25, 0,5, 1, 2 und 4 annehmen. Für ein **geschlossenes System** muss der Verfahrensindex **0,25** (...) betragen.

In der TRGS 500 finden sich **Ausführungsbeispiele** für Bauteile, die den **Verfahrensindex von 0,25** – also ein **geschlossenes System** – einhalten, wenn z.B. eine Substitution technisch nicht möglich ist.

Für den Fall, dass mit dem genannten Ausführungsbeispiel dieser niedrige Verfahrensindex von 0,25 **nicht** eingehalten werden kann, nennt die TRGS **Zusatzmaßnahmen**, um höhere Verfahrensindices entsprechend abzusenken.

In den folgenden Tabellen sind die Verfahrensindices den Gefahrenstufen des Spaltenmodells zugeordnet und entsprechend farbig hinterlegt.

Tabelle 57: Verfahrensindices für Bauteile, Quelle: [TRGS 500], redaktionell bearbeitet

Ausführung	Ausführungsbeispiel	Verfahrensindex	
		ohne	mit Zusatzmaßnahmen
Funktionselement: Statische Dichtungen			
unlösbare Verbindungen	geschweißt, gelötet	0,25	
lösbare Verbindungen	Schweißlippendichtung	0,25	
	Schneid- und Klemmringverbindung ≤ DN 32	0,25	
	NPT-Gewinde ≤ DN 50, Δt ≤ 100 °C	0,25	
	Schneid- und Klemmringverbindung > DN 32	1	0,25 Gewährleistung der Dichtheit durch Überwachung und Instandsetzung (...)
	Flansch mit Vor- und Rücksprung mit geeigneter Dichtung	1	

Da **geschlossene** Systeme (mit einem Verfahrensindex von 0,25) **nicht immer realisierbar** sind, wird in der betrieblichen Praxis oft ein höherer Verfahrensindex als 0,25 zu finden sein.

5. Kriterien zur Gefahrenabschätzung

Auch für die **höheren** Verfahrensindices werden in der TRGS 500 Beispiele genannt:

Tabelle 58: Verfahrensindices für Bauteile, Quelle: [TRGS 500], redaktionell bearbeitet

Arbeits-mittel/ Tätigkeit	Ausführungs-techniken/-art	Ausfüh-rungs-beispiel	Verfahrensindex ohne / mit Zusatzmaßnahmen	
Stoffübergabe für Feststoffe				
Säcke/ Entleeren	Gekapselte Sackschlitz- und Entleerungsmaschine mit integrierter Absaugeinrichtung		1	0,5 Verdichten und Verpacken der Leersäcke innerhalb der Kapselung, Gewährleistung der Dichtheit durch Überwachung und Instandsetzung
Säcke/ Befüllen	Manuelles Befüllen, Offensack-Befüllung	Einschütten von Hand	4	2 mit **sonstiger Absaugeinrichtung** (...)
				1 Einsatz emissionsarmer Verwendungsformen
	Sackfülleinrichtung	Vakuumpacker	2	1 mit **wirksamer Absaugeinrichtung** (...)

Bei den Zusatzmaßnahmen zur **Reduzierung** der Verfahrensindices werden **verschiedene Wirksamkeiten** bei **Absaugeinrichtungen** genannt: z.B. wirksame oder sonstige Absaugung.

Nähere Erklärungen zu diesen verschiedenen Absaugeinrichtungen finden sich ebenfalls in der TRGS 500:

5. Kriterien zur Gefahrenabschätzung

5.2.1 Allgemeine technische Grundmaßnahmen

(7) Unter einer **integrierten Absaugung** wird eine Absaugung **geschlossener** Bauart verstanden, die beispielsweise in Verbindung mit Schleusen, Kapselungen, Einhausungen, Behältern eingesetzt wird, um so die Gefahrstoffe auf das Innere der geschlossenen Funktionseinheit zu begrenzen. Das heißt, dass das **Auftreten** von **Gefahrstoffen** in der Luft des Arbeitsbereichs außerhalb der geschlossenen Funktionseinheit **praktisch ausgeschlossen** werden kann. Als geschlossene Bauart kann die Absaugung auch angesehen werden, wenn zwar geringflächige Öffnungen betriebsmäßig bestehen, ein luftgetragener **Stoffaustritt** durch Konvektion und Diffusion durch die Strömungsgeschwindigkeit der einströmenden Luft und der Gestaltung der Öffnung **praktisch ausgeschlossen** wird.

(8) Unter einer **hochwirksamen Absaugung** wird eine Absaugung **offener** und **halboffener** Bauart verstanden, die so bemessen ist, dass Gefahrstoffe innerhalb des Erfassungsbereichs verbleiben. Das heißt, dass das Auftreten von Gefahrstoffen in der Luft des Arbeitsbereichs **praktisch ausgeschlossen** werden kann.

(9) Unter einer **wirksamen Absaugung** wird eine Absaugung **offener** und **halboffener** Bauart verstanden, die so bemessen ist, dass Gefahrstoffe innerhalb des Erfassungsbereichs verbleiben. Dies bedeutet, dass das Auftreten von Gefahrstoffen in der Luft des Arbeitsbereichs **weitgehend ausgeschlossen** werden kann, zumindest aber von einer **Einhaltung** der **Arbeitsplatzgrenzwerte** auszugehen ist. Die Wirksamkeit ist durch Messungen (…) zu überprüfen.

(10) Unter **Quellenabsaugung** wird eine örtliche Absaugung (Punktabsaugung) verstanden, die so platziert ist, dass Gefahrstoffe direkt an der Entstehungsstelle erfasst werden.

(11) Unter einer **sonstigen Absaugung** wird eine Absaugung **offener und halboffener Bauart** verstanden, die so bemessen ist, dass das Auftreten von Gefahrstoffen in der Luft des Arbeitsbereichs zwar reduziert, jedoch **nicht ausgeschlossen** werden kann. In der Regel sind zur Einhaltung von Arbeitsplatzgrenzwerten **weitere Maßnahmen** erforderlich.

5. Kriterien zur Gefahrenabschätzung

Tabelle 59: Übersicht über Wirksamkeiten von Absaugungen nach TRGS 500

Art der Absaugung	Bauart	Auftreten von Gefahrstoffen	Einhaltung von Arbeitsplatzgrenzwerten
integriert	geschlossen	praktisch ausgeschlossen	ja
hochwirksam	offen oder halboffen	praktisch ausgeschlossen	ja
wirksam		weitgehend ausgeschlossen	ja
sonstige		zwar reduziert, jedoch nicht ausgeschlossen	nur in Verbindung mit weiteren Maßnahmen

Absaugungen werden auch anhand ihrer **Bauart** unterteilt in „geschlossen", „halboffen" und „offen", wie Tabelle 60 zeigt.

Tabelle 60: Bauarten von Absaugungen: geschlossen, halboffen, offen

Bauart der Absaugung	geschlossen	halboffen	offen
Bild			
Wirksamkeit/ Umschließung	abnehmende Wirksamkeit/Umschließung →		
Abluftvolumenstrom	zunehmender Abluftvolumenstrom →		

Die in Abbildung 21 dargestellten **Expositionsfaktoren** verdeutlichen, warum in der Gefahrstoffverordnung als **erste** technische Schutzmaßnahme nach der Substitution **geschlossene Systeme** wie z.B. eine Glovebox genannt werden: Gloveboxen haben den **geringsten** Expositionsfaktor von **nur** 0,001. Zur besseren Übersichtlichkeit werden die Expositionsfaktoren der dargestellten technischen Schutzmaßnahmen in Form einer **Balkengrafik** dargestellt.

5. Kriterien zur Gefahrenabschätzung

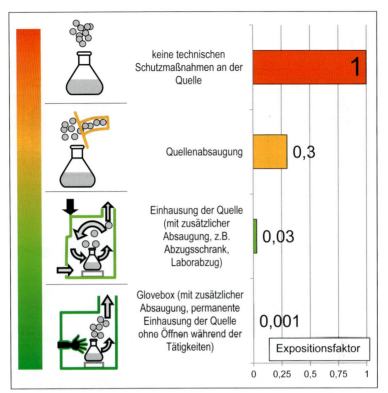

Abbildung 21: Expositionsfaktoren für verschiedene technische Schutzmaßnahmen, Quelle: [Fachartikel Expositionsfaktoren technischer Schutzmaßnahmen]

Merksatz 26: Niedrige Expositionsfaktoren für geschlossene Systeme

> - **„Dauerhaft" geschlossene** Systeme wie Gloveboxen, die auch während der Tätigkeiten **nicht geöffnet** werden, haben den **geringsten** Expositionsfaktor (0,001).
> - Nur **„kurzzeitig geöffnete"** Systeme wie Laborabzüge mit hochgeschobenem Frontschieber haben auch noch einen verhältnismäßig **geringen** Expositionsfaktor (0,03).
> - Quellenabsaugungen, bei denen die Emissionsquelle nicht mehr von allen Seiten eingehaust ist – also **kein geschlossenes System** mehr vorliegt –, haben einen sehr viel **höheren** Expositionsfaktor (0,3).

5. Kriterien zur Gefahrenabschätzung

Eine **geringere inhalative Exposition** ist aber immer mit einem **höheren technischen Aufwand** verbunden, wie die folgende Abbildung zeigt:

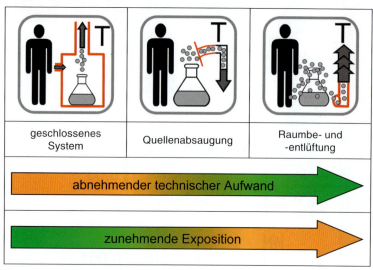

Abbildung 22: Technische Schutzmaßnahmen – Rangfolge des technischen Aufwands und der Exposition

Bei **weniger gefährlichen** Gefahrstoffen ist es **nicht** zwingend notwendig, **immer** ein geschlossenes System einzusetzen. Oft genügen für diese Gefahrstoffe **weniger aufwendige technische** Schutzmaßnahmen, z.B. **nur** eine Quellenabsaugung.

5.6.2 Höhere Anwendungstemperatur – Raumtemperatur

Bei **Erhöhung** der Anwendungstemperatur steigt die **Freisetzung** des Stoffes. Flüssigkeiten geben z.B. bei höheren Temperaturen mehr Dampf ab als bei niedrigeren Temperaturen.

Wie kann eingeschätzt werden, ab **welchen** Temperaturbedingungen eine **hohe** Freisetzung stattfindet?

Im Spaltenmodell wird in der Spalte „Freisetzungsverhalten" nur die Höhe des **Dampfdrucks** genannt, **ohne** auf den Einfluss einer **erhöhten** Anwendungstemperatur einzugehen.

Hier hilft das „Einfache Maßnahmenkonzept Gefahrstoffe" (EMKG) weiter: Wenn die Anwendungstemperatur **über** der Raumtemperatur

5. Kriterien zur Gefahrenabschätzung

(20 °C) liegt, kann anhand des **Siedepunkts** der Flüssigkeit die Freisetzungsgruppe ermittelt werden.

Der **Siedepunkt** ist in Abschnitt 9 des **Sicherheitsdatenblatts** zu finden.

Mit den **Rechenformeln** aus der folgenden Tabelle kann die **Freisetzungsgruppe** abhängig vom Siedepunkt und der Anwendungstemperatur bestimmt werden.

Tabelle 61: Freisetzungsgruppe je nach Siedepunkt, Quelle: [EMKG]

Freisetzungsgruppe	Flüssigkeiten	
	Raumtemperatur (RT) (T ~ 20 °C)	beliebige Anwendungstemperatur (AT) [°C]
hoch	Siedepunkt < 50	Siedepunkt ≤ 2 x AT + 10
mittel	50 ≤ Siedepunkt ≤ 150	sonstige Fälle
niedrig	Siedepunkt > 150	Siedepunkt ≥ 5 x AT + 50

Grafisch aufbereitet finden Sie diese Information in Abbildung 23.

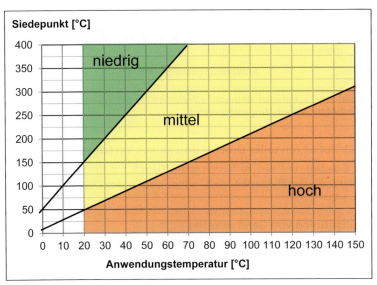

Abbildung 23: Ermittlung der Freisetzungsgruppe anhand des Siedepunkts, Quelle: [EMKG], redaktionell angepasst und korrigiert

5. Kriterien zur Gefahrenabschätzung

Anbei ein **Beispiel** für die Bestimmung des Übergangs von der Freisetzungsgruppe „mittel" zur Freisetzungsgruppe „hoch" bei **steigender** Anwendungstemperatur:

Methanol hat einen Siedepunkt von 65 °C. Bei einer Raumtemperatur von 20 °C wird es in die Freisetzungsgruppe **„mittel"** eingeordnet. Die Rechenformel aus Tabelle 61 ergibt einen Übergang in die Freisetzungsgruppe „hoch" ab einer Anwendungstemperatur über 27,5 °C: 65 °C ≤ 2 x 27,5 °C + 10 °C.

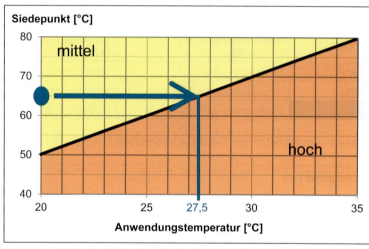

Abbildung 24: Beispiel Methanol – Veränderung der Freisetzungsgruppe bei erhöhter Anwendungstemperatur

5.6.3 Verfahren unter Druck – druckloses Verfahren

Ein Beispiel, wie ein Verfahren unter **Druck** mit einem **drucklosen** Verfahren ersetzt werden kann, findet sich in der DGUV Information 213-850:

Substitution von Gefahrstoffen

(…) Auch **Verfahren** können **substituiert** werden. So kann die Verwendung von **Phosgen** aus **Druckgasflaschen** gerade beim Verwenden von kleinen Mengen durch die gut steuerbare und jederzeit zu unterbrechende Phosgenentwicklung aus **Di- oder Triphosgen** ersetzt werden.

5. Kriterien zur Gefahrenabschätzung

Oft lassen sich Gase aber nur unter **Druck** transportieren. Gase unter Druck sind mit den folgenden Gefahrenhinweisen gekennzeichnet:
- H280: Enthält **Gas unter Druck**; kann bei Erwärmung explodieren.
- H281: Enthält tiefgekühltes Gas; kann Kälteverbrennungen oder -verletzungen verursachen.

5.6.4 Gas – Flüssigkeit – Paste

Von **Gasen** geht im Vergleich zu Flüssigkeiten und Pasten die **höchste Gefahr** aus (*siehe Tabelle 38 auf S. 108: Leitkriterien aus TRGS 600 Nr. 4 Abs. 5: Freisetzungspotenzial*).

In dem Substitutionsbeispiel aus ➔ *Kapitel 5.6.3 Verfahren unter Druck – druckloses Verfahren* soll das **Gas Phosgen** durch eine **Flüssigkeit** bzw. einen **Feststoff, Di- bzw. Triphosgen, ersetzt** werden.

Wenn man die Spalte „Freisetzungsverhalten" des Spaltenmodells betrachtet, wird klar, warum **Gase** in die Gefahrenstufe „**sehr hoch**" eingeordnet sind. Entsprechend empfiehlt die TRGS 600 in ihren Leitkriterien zur Substitution, **Gase durch Flüssigkeiten** oder besser noch durch **Pasten** zu **ersetzen**.

Praxistipp 13: Bevorzugte Substitution von Gasen bei Verfahren mit Druck

> Gase sind aufgrund ihrer **hohen Freisetzungsgefahr** (im Vergleich zu Flüssigkeiten und Pasten) und in Kombination mit **erhöhtem Druck** bevorzugt zu substituieren.

5.6.5 Aerosole – aerosolfreie Verfahren

Im **Begriffsglossar** zur Gefahrstoffverordnung findet sich folgende **Definition** des Begriffs „Aerosol":

> Aerosol ist ein **Stoffgemisch**, das aus einem **gasförmigen** Dispersionsmittel und **flüssigen oder festen** (kolloiden) Bestandteilen besteht. Die dispersen Bestandteile bezeichnet man als Schwebstoffe. Sind sie flüssig, spricht man von Nebel; sind sie fest, so liegen Staub oder Rauch vor.

Zu den aerosolbildenden Verfahren zählt z.B. die **Sprühdesinfektion**. [BG-Empfehlung 1039]

Die Aerosole entstehen, wenn eine Flüssigkeit durch Anwendung einer Spraydose mit Luftdruck oder Treibgas durch eine Düse gepresst wird.

5. Kriterien zur Gefahrenabschätzung

Wenn diese kleinen Flüssigkeitsteilchen versprüht werden, können sie **tief in die Lunge eingeatmet** werden oder sich auf der Haut niederschlagen und so die Gesundheit gefährden.

Eine **geringere** Gesundheitsgefahr ergibt sich durch den Einsatz von **Wischverfahren** anstatt von Sprühverfahren, z.B. beim Einsatz von **Desinfektionsmitteln**.

Sprühverfahren: Die Entstehung von **Aerosolen** – also z.B. durch Anwendung von Sprühflaschen – sollte so weit wie möglich **vermieden** werden.	
Wischverfahren sind **bevorzugt** einzusetzen.	

Abbildung 25: Verfahrensvergleich – Sprüh- gegen Wischdesinfektion

Dass von **Aerosolen spezifische Gefahren** ausgehen, zeigt sich auch daran, dass es für Aerosole **eigene** Gefahrenhinweise gibt:
- H222: Extrem entzündbares **Aerosol**.
- H223: Entzündbares **Aerosol**.

Wenn sich also herausstellt, dass z.B. **nicht** auf ein bestimmtes Desinfektionsmittel **verzichtet** werden kann, gibt es immer noch Möglichkeiten, durch **Verfahrensänderungen** die **Gefährdung** zu **reduzieren**.

7.1.2 Ersatzstoffprüfung und Prüfung alternativer Verfahren

(2) Im Rahmen der chemischen Desinfektion ist zu prüfen, ob Gefährdungen durch **Verfahrensänderung** (z.B. Einsatz **maschineller** Verfahren in der Instrumentendesinfektion, **Verzicht** auf Ausbringungsverfahren mit **Aerosolbildung** bei der Flächendesinfektion) **verringert** werden können.

5. Kriterien zur Gefahrenabschätzung

5.6.6 Lösemittelhaltige Verfahren – wässrige Verfahren

Prinzipiell sollte beim Einsatz von lösemittelhaltigen Verfahren geprüft werden, ob idealerweise **wässrige** Verfahren **eingesetzt** werden können.

Neben verschiedensten **gesundheitlichen Gefahren** beinhalten viele Lösemittel zusätzlich die Gefahr, **explosionsfähige** Gemische zu bilden.

> **2.2 Vermeiden oder Einschränken von Stoffen, die explosionsfähige Atmosphäre zu bilden vermögen**
>
> Es ist zu prüfen, ob brennbare Stoffe durch solche ersetzbar sind, die **keine explosionsfähigen Gemische** zu bilden vermögen.
>
> Bemerkung: Beispiele für **Ersatzmöglichkeiten**:
>
> – brennbare Löse- und Reinigungsmittel durch **wässrige** Lösungen, (…)

Die folgenden zwei Übungsaufgaben fassen die Reduzierung des Freisetzungspotenzials durch Substitution noch einmal zusammen. Das in den Aufgaben verwendete Zeichen „>" bedeutet: „höhere Gefährdung zu erwarten als bei".

Übungsaufgabe 12: Leitkriterien: Freisetzungspotenzial (1/2)

> Das Freisetzungspotenzial eines Gefahrstoffs in die Luft am Arbeitsplatz kann im Allgemeinen durch Substitution entlang der aufgeführten Reihenfolge in der jeweiligen Zeile reduziert werden:
> 1. g☐☐☐☐ Menge > k☐☐☐☐ Menge,
> 2. Verfahren mit Benetzung großer F☐☐☐☐☐ > Verfahren mit Benetzung kleiner F☐☐☐☐☐,
> 3. Aggregatzustand: G☐☐ > F☐☐☐☐☐☐ > Paste,
> 4. s☐☐☐☐☐☐☐☐ Feststoff > nicht s☐☐☐☐☐☐☐☐ Feststoff,
> 5. s☐u☐☐☐☐☐☐☐☐ Feststoff > nicht s☐u☐☐☐☐☐☐☐☐ Feststoff.

5. Kriterien zur Gefahrenabschätzung

Übungsaufgabe 13: Leitkriterien: Freisetzungspotenzial (2/2)

Das Freisetzungspotenzial eines Gefahrstoffs in die Luft am Arbeitsplatz kann im Allgemeinen durch Substitution entlang der aufgeführten Reihenfolge in der jeweiligen Zeile reduziert werden:

1. niedriger Siedepunkt (hoher D_____) > hoher Siedepunkt (niedriger D_____),
2. o_____ Verfahren > g_____ Verfahren,
3. Verfahren bei h____ Temperaturen > Verfahren bei R___ temperatur,
4. Verfahren unter D___ > d___ lose Verfahren,
5. Verfahren unter Erzeugung von A_____ > a____ freie Verfahren,
6. l_____ h____ Systeme > w____ Systeme.

6. Substitution – Beispiele

6.1 Verwendungszweck: Methanol – Ethanol

Kann „giftiges" Methanol in allen Fällen durch „nicht giftiges" Ethanol ersetzt werden, wie oft behauptet wird?

Tabelle 62: Stoffeigenschaften von Methanol und Ethanol, Quellen: [C&L-Datenbank] und [GESTIS-Stoffdatenbank]

	Eingesetzter Stoff	Möglicher Ersatzstoff
Name	Methanol	Ethanol
Abkürzung	MeOH	EtOH
CAS-Nr.	67-56-1	64-17-5
H-Sätze	H225; H301+311+331; H370	H225
Piktogramme	 (Flamme, Totenkopf, Gesundheitsgefahr)	 (Flamme)
WGK	1	1
Dampfdruck	129 hPa (20 °C)	58 hPa (20 °C)

Beginnen wir die Substitutionsprüfung mit der Anwendung des Spaltenmodells für Methanol und Ethanol:

Eingesetzter Stoff: Methanol (MeOH) Möglicher Ersatzstoff: Ethanol (EtOH)				
Gefahr	akute und chronische Gesundheit	Umwelt	Brand und Explosion	Freisetzungsverhalten
sehr hoch				
hoch	MeOH: H301+311+331; H370		MeOH + EtOH: H225	MeOH: 129 hPa, EtOH: 58 hPa
mittel				
gering	EtOH	MeOH + EtOH: WGK 1		
Gefahrenstufe	**Reduzierung**	unverändert	unverändert	unverändert

Abbildung 26: Methanol und Ethanol – Bewertung nach Spaltenmodell

6. Substitution – Beispiele

Der Ersatzstoff Ethanol schneidet im Vergleich zum eingesetzten Stoff Methanol in der Spalte **Gesundheit** um **zwei Stufen besser** ab. In **keiner** weiteren Spalte ergibt sich eine **Erhöhung** der Gefahr. Folglich sollte doch Methanol immer durch Ethanol ersetzt werden, weil sich dadurch eine deutlich **geringere Gesundheitsgefahr** ergibt.

Aber: Es muss auch immer der **Verwendungszweck** des Stoffes **berücksichtigt** werden, wie in Tabelle 63 ausgeführt wird:

Tabelle 63: Unterschiedliche Verwendungszwecke, Beispiel Methanol

Verwendungszweck	Beschreibung des Verwendungszwecks
Lösemittel ☑ Substitution	Ist der Verwendungszweck eine **chemische Reaktion**, bei der es z.B. nur auf die Eigenschaft eines Alkohols als **Lösemittel** ankommt, kann Methanol in der Regel durch Ethanol einfach **ersetzt** werden.
Ausgangs- oder Einsatzstoff ☒ Substitution	Wenn aber der Verwendungszweck eine spezifische **Reaktion** mit Methanol als **Ausgangs- oder Einsatzstoff** ist, kann Methanol **nicht** mehr so einfach **ersetzt** werden.

Soll z.B. aus Rapsöl und Methanol durch eine sogenannte „Umesterung" Rapsöl-**Methylester** (Biodiesel) entstehen, dann funktioniert diese Reaktion nur mit Methanol, nicht aber mit Ethanol, denn dann würde „**Ethylester**" – also ein anderes chemisches Produkt – entstehen. In diesem Fall muss folglich auf die Substitution **verzichtet** werden, mit der **Begründung**, dass der Ersatzstoff Ethanol „**technisch nicht geeignet**" ist: Mit Ethanol entsteht nicht das gewünschte Produkt – der Methylester. [Fachartikel Substitutionsprüfung inkl. Verwendungszweck]

6.2 Trichlorethylen ersetzen durch Caprylsäuremethylester

Straßenbaunormen schreiben den Einsatz von **krebserzeugendem TRI** (**Trichlorethylen**) beim Herauslösen des Bitumens aus dem Asphalt im Rahmen von Qualitätsuntersuchungen vor. TRI ist jedoch in Anhang XIV der REACH-Verordnung gelistet, d.h. es unterliegt ab 21.4.2016 dem Zulassungsverfahren.

Informationen zum Zulassungsverfahren ➔ *Kapitel 3.2 REACH-Verordnung* und *Kapitel 3.3 Zusammenhang von Zulassung (REACH) und Substitution (GefStoffV).*

6. Substitution – Beispiele

Um die rechtlichen Vorgaben der REACH-Verordnung zu erfüllen und um die Gesundheitsgefahr durch das krebserzeugende TRI zu reduzieren, wurde nach einem **alternativen Lösemittel gesucht** und dieses mit **Caprylsäuremethylester** (auch bezeichnet als Methyloctanoat oder Octansäuremethylester) gefunden.

In der folgenden Tabelle sind die Kennzeichnung und Eigenschaften von TRI im Vergleich zu seinem möglichen Ersatzstoff angegeben. Die farbliche Hinterlegung verweist auf die zugeordneten Gefahrenstufen aus dem Spaltenmodell.

Tabelle 64: Kennzeichnung und Eigenschaften von Trichlorethylen und Caprylsäuremethylester, Quellen: [C&L-Datenbank] und [GESTIS-Stoffdatenbank]

Stoff	Trichlorethylen	Caprylsäuremethylester
CAS-Nr.	79-01-6	111-11-5
Piktogramme	GHS08, GHS07	GHS07
H-Sätze Gesundheitsgefahren	H350: Kann Krebs erzeugen. H341: Kann vermutlich genetische Defekte verursachen. H315: Verursacht Hautreizungen. H319: Verursacht schwere Augenreizung. H336: Kann Schläfrigkeit und Benommenheit verursachen.	H315: Verursacht Hautreizungen.
H-Sätze Umweltgefahren	H412: Schädlich für Wasserorganismen, mit langfristiger Wirkung.	leicht biologisch abbaubar*)
Flammpunkt	nicht brennbar	69 °C
Chemische Charakterisierung	**leicht** flüchtig	**wenig** flüchtig
Dampfdruck	77,6 hPa (20 °C)	1,33 hPa (34,2 °C)**)
Luftgrenzwert [mg/m³]	Akzeptanzrisiko (4 x 10^{-4}): 33 Toleranzrisiko (4 x 10^{-3}): 60	keiner bekannt

*) Quelle: [Fachartikel Tri – raus aus dem Asphaltlabor]
**) Sicherheitsdatenblatt, Merck Millipore, Artikel 814927: Methyloctanoat zur Synthese, überarbeitet am 4.11.2010, Version 1.4

6. Substitution – Beispiele

Es werden allerdings noch einige Jahre benötigt, bis dieses **neue Lösemittel Stand der Technik** in allen Asphaltlaboratorien ist. Deshalb wurde bei der ECHA beantragt, TRI noch eine gewisse Zeit weiterverwenden zu können. [Fachartikel 29. Münchner Gefahrstofftage]

Gefahrstoffrechtlich gesehen ist der Ersatz von TRI durch Caprylsäuremethylester Stand der Technik seit Erscheinen der **TRGS 460** „Handlungsempfehlung zur Ermittlung des Standes der Technik" im Oktober 2013. Zu dieser TRGS gibt es **Praxisbeispiele**, bei denen die Vor- und Nachteile mehrerer Verfahren nach einem vorgegebenen Schema miteinander verglichen werden. Als **Ergebnis der Bewertung** erhält man das Verfahren, das als „**Stand der Technik**" bezeichnet wird.

Eines dieser Beispiele beschäftigt sich mit der „Extraktion von Bitumen aus Asphaltmischgut zur Bestimmung der Rohdichte des Asphalts". Zwei Verfahren mit dem Einsatz von TRI und ein Verfahren mit dem Einsatz von Caprylsäuremethylester werden miteinander verglichen. Die Bewertung ergibt, dass das **Verfahren C** „Waschtrommelverfahren mit **Caprylsäuremethylester**" inzwischen als **Stand der Technik** bezeichnet werden kann. TRI wurde hier durch das **nicht** krebserzeugende Lösemittel Caprylsäuremethylester ersetzt.

Praxistipp 14: „Stand der Technik" aus der TRGS 460 regelmäßig überprüfen

> Prüfen Sie regelmäßig, ob es **neue Praxisbeispiele** zur TRGS 460 gibt: http://www.baua.de/de/Themen-von-A-Z/Gefahrstoffe/TRGS/TRGS-460.html

Die Anwendung des Spaltenmodells in Abbildung 27 verdeutlicht noch einmal die unterschiedlichen Gefahrenstufen beider Stoffe.

Der Ersatzstoff Caprylsäuremethylester schneidet im Vergleich zum eingesetzten Stoff TRI in

- **drei** Spalten **besser** ab. → Die Gefahrenstufe in diesen Spalten wurde **reduziert**.
- **einer** Spalte **schlechter** ab. → Die Gefahrenstufe in dieser Spalte wurde **erhöht**.

6. Substitution – Beispiele

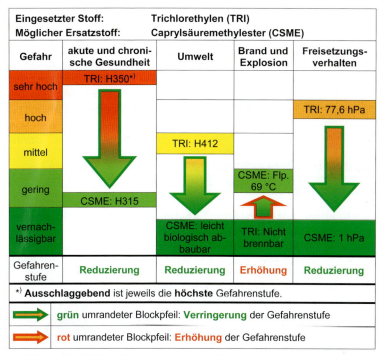

Abbildung 27: Trichlorethylen und Caprylsäuremethylester – Bewertung nach Spaltenmodell

Gefahr	akute und chronische Gesundheit
sehr hoch	TRI: H350
hoch	
mittel	
gering	CSME: H315
vernachlässigbar	

Bei den **Gesundheitsgefahren** ergibt sich sogar eine Reduzierung um **drei** (!) Gefahrenstufen: von „sehr hoch" auf „**gering**".

151

6. Substitution – Beispiele

Gefahr	Brand und Explosion
sehr hoch	
hoch	
mittel	
gering	CSME: Flp. 69 °C ⬆
vernachlässigbar	TRI: Nicht brennbar

Die **Gefahrenerhöhung** in der Spalte „Brand und Explosion" sollte **nicht überbewertet** werden: Der Flammpunkt bei Caprylsäuremethylester mit einem relativ „hohen" Wert von 69 °C ergibt **nur** eine „**geringe**" Gefährdung.

Durch einen **ausreichenden Abstand** der maximalen Anwendungstemperatur zum Flammpunkt des eingesetzten Gemischs (mind. 15 K) wird das **Auftreten explosionsfähiger Atmosphäre verhindert**.

Anders formuliert: Bei einem Flammpunkt von 69 °C kann **bis** zu einer **maximalen Anwendungstemperatur** von **54 °C** (69 °C minus 15 °C = 54 °C) davon ausgegangen werden, dass **keine** explosionsfähigen **Dampf/Luft-Gemische** vorhanden sind.

Flammpunkt: 69 °C

wenn Anwendungstemperatur **< 54 °C!**

Informationen zum Zusammenhang von Flammpunkt und Anwendungstemperatur ➔ *Kapitel 5.4.2 Flammpunkt in Verbindung mit Anwendungstemperatur.*

Das Beispiel Ersatz von TRI durch Caprylsäuremethylester zeigt: Eine Substitution ist nicht einfach „von heute auf morgen" umzusetzen, insbesondere wenn z.B. Normen, hier das Baurecht, vorschreiben, dass nur ganz **bestimmte Stoffe eingesetzt** werden **dürfen**. Aber auch hier gibt es **Ersatzmöglichkeiten**, die allerdings oft lange Zeit – meistens **mehrere Jahre** – in Anspruch nehmen, bis sie entsprechend ausgereift sind und in die betriebliche Praxis umgesetzt werden.

6.3 Labor

Auch im Labor wird eine **Substitutionsprüfung** für Stoffe und Verfahren **vorgeschrieben**. In der DGUV Information 213-850 (früher BGI 850-0) „Sicheres Arbeiten in Laboratorien" werden einige Beispiele für Ersatzstoffe mit **geringeren** Gefährdungen aufgeführt:

6. Substitution – Beispiele

Substitution von Gefahrstoffen

Ersatzstoffe und Ersatzverfahren

DGUV Information 213-850

Im Rahmen der Gefährdungsbeurteilung ist zu prüfen, ob eine Substitution von Gefahrstoffen oder Verfahren eine **Verringerung der Gefährdungen** ermöglicht. Bei der Entscheidung der Substitution ist stets die **resultierende Gesamtgefährdung** zu beurteilen, die sich aus den Stoffeigenschaften, dem Verfahren und der Expositionsmöglichkeit ergibt. Siehe auch TRGS 600.

Beispiele für den Ersatz von gefährlicheren Stoffen durch weniger gefährliche sind die Verwendung von:

- **Cyclohexan** oder **Toluol** anstelle von **Benzol** zum Ausschleppen von Wasser oder von
- **tert.-Butylmethylether**, der **nicht** zur Bildung von Peroxiden neigt, anstelle von **Diethylether**, oder von
- **Aceton** durch **Butanon-2** oder von
- **n-Hexan** durch **Cyclohexan, Heptan** oder **Octan**.

Im Folgenden werden **beispielhaft** die Gefährdungen durch den Stoff **n-Hexan** und durch seine möglichen **Ersatzstoffe** Cyclohexan, n-Heptan und n-Octan mithilfe des Spaltenmodells **verglichen** und bewertet. Tabelle 65 listet zunächst einige Eigenschaften der Stoffe auf:

Tabelle 65: Stoffeigenschaften von n-Hexan, Cyclohexan, n-Heptan und n-Octan, Quellen: [C&L-Datenbank] und [GESTIS-Stoffdatenbank]

Name	Eingesetzter Stoff	Mögliche Ersatzstoffe		
	n-Hexan	Cyclohexan	n-Heptan	n-Octan
CAS-Nr.	110-54-3	110-82-7	142-82-5	111-65-9
H-Sätze	H225; H361f; H304; H373; H315; H336; H411	H225; H304; H315; H336; H410		
Piktogramme	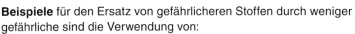			
WGK	2	2		
Dampfdruck	162 hPa (20 °C)	104 hPa (20 °C)	47,4 hPa (20 °C)	14 hPa (20 °C)
AGW [mg/m³]	180	700	2.100	2.400

6. Substitution – Beispiele

In Abbildung 28 kommt für die betrachteten Stoffe das **Spaltenmodell** zur Anwendung: zum einen n-Hexan im Vergleich zu Cyclohexan und zum anderen n-Hexan im Vergleich zu n-Heptan und n-Octan.

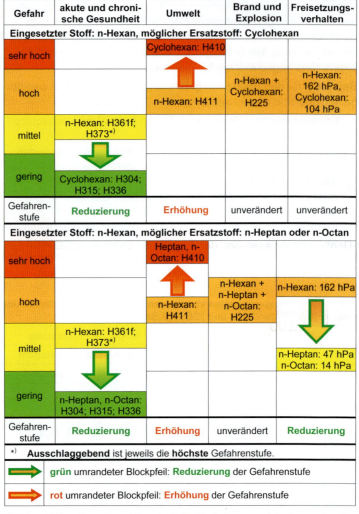

Abbildung 28: n-Hexan und Ersatzstoffe Cyclohexan, n-Heptan und n-Octan – Bewertung nach Spaltenmodell

6. Substitution – Beispiele

Beim Vergleich von n-Hexan mit dem Ersatzstoff Cyclohexan ergibt sich

- eine **Reduzierung** bei den Gesundheitsgefahren und
- eine **Erhöhung** bei den Umweltgefahren.

Beim Einsatz der Ersatzstoffe n-Heptan und n-Octan ergibt sich

- eine **Reduzierung** bei den Gesundheitsgefahren,
- eine **Erhöhung** bei den Umweltgefahren und
- eine **Reduzierung** beim Freisetzungsverhalten.

Daraus folgt: Unter der Voraussetzung, dass bei der Verarbeitung **keine** größeren Mengen an Abfällen, z.B. in Form von **Abwasser**, entstehen und damit die **Umweltgefahren** ein **höheres** Gewicht erhalten (siehe TRGS 600 Anlage 2 Abs. 2 Nr. 8b), sollte n-Hexan durch Cyclohexan, n-Heptan oder n-Octan ersetzt werden.

Der Einsatz von **n-Heptan** oder **n-Octan** hat gegenüber Cyclohexan noch den Vorteil eines **geringeren Freisetzungsverhaltens** aufgrund der geringeren Dampfdrücke.

Auch der Vergleich der **Gefährdungszahlen** (➔ *Kapitel 5.5.4 Gefährdungszahl bei Flüssigkeiten*) macht deutlich, dass mit dem Einsatz von n-Heptan und n-Octan eine deutlich **geringere** inhalative **Gefährdung** verbunden ist.

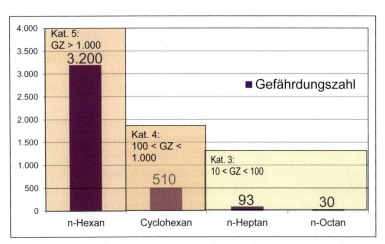

Abbildung 29: Gefährdungszahlen von n-Hexan, Cyclohexan, n-Heptan und n-Octan

6. Substitution – Beispiele

Weitere Beispiele mit Stoffen und möglichen Ersatzstoffen aus der DGUV Information 213-850 sind in der Tabelle 66 aufgeführt:

Tabelle 66: Stoffbeispiele zur Substitution, Quelle: [DGUV Information 213-850]

Zu ersetzender Stoff	Ersatzstoff
Benzol	Cyclohexan und Toluol
Benzylchlorid	Benzylbromid
Blaugel	Orangegel
Diazomethan	Trimethylsilyldiazomethan
Schwefelsäureester	Iodmethan, Alkylsulfonsäureester oder Dimethylcarbonat
Hexamethylphosphorsäuretriamid	1,3-Dimethyl-2-imidazolidinon, 1,3-Dimethyltetrahydro-2(1H)-pyrimidinon, Dimethylsulfoxid, 1-Methyl-2-pyrrolidon oder Tetrahydrothiophen-1,1-dioxid
Bis(chlormethyl)ether	Chlormethylethylether
Chlormethylethylether	(2-Chlormethoxyethyl)-methylchlorid und (2-Chlormethoxyethyl)-trimethylsilan
N-Nitroso-N-methylharnstoff	N-Methyl-N-nitroso-4-toluolsulfonsäureamid, N-[(Nitrosomethylamino) methyl]benzamid oder 1-Methyl-3-nitro-1-nitrosoguanidin

Auch zu möglichen **Ersatzverfahren** für das Labor nennt die DGUV Information einige Beispiele:

DGUV Information 213-850

Substitution von Gefahrstoffen

Auch in der **Analytik** sind Substitutionen möglich, beispielsweise lässt sich das **photometrische Verfahren** zur Bestimmung von Formaldehyd mit Pararosanilin **vorteilhaft** durch ein **HPLC-Verfahren ersetzen**.

Die zu Lehrzwecken gerne durchgeführte **Synthese von Kristallviolett** lässt sich durch die **Synthese von Ethylviolett** ersetzen, die das **krebserzeugende** Michlers Keton vermeidet.

Auch bei den **Reinigungsmitteln** lassen sich Alternativen finden.

Auch **Verfahren** können **substituiert** werden. So kann die Verwendung von **Phosgen** aus **Druckgasflaschen** gerade beim Verwenden von kleinen Mengen durch die gut steuerbare und jederzeit zu unterbrechende Phosgenentwicklung aus **Di- oder Triphosgen ersetzt** werden.

6.4 Desinfektionsmittel

Definitionen für Desinfektion, Desinfektionsverfahren und Desinfektionsmittel finden sich in der TRGS 525:

> **2 Begriffsbestimmungen und -erläuterungen**
>
> (10) **Desinfektion** im Sinne dieser TRGS ist die Maßnahme zur gezielten Inaktivierung von unerwünschten Mikroorganismen mit dem Ziel, deren Übertragung zu verhindern.
>
> (11) **Desinfektionsverfahren** im Sinne dieser TRGS sind alle chemischen oder damit kombinierten Verfahren zur gezielten Keimreduzierung.
>
> (12) **Desinfektionsmittel** im Sinne dieser TRGS sind chemische Stoffe und Gemische, die dazu bestimmt sind, unerwünschte Mikroorganismen außerhalb von menschlichen und tierischen Organismen zu inaktivieren.

Damit Desinfektionsmittel die Mikroorganismen abtöten oder inaktivieren können, enthalten diese oft Inhaltsstoffe, die **irreversible** Gesundheitsschäden verursachen, z.B. **krebserzeugende, erbgutverändernde** oder **sensibilisierende** Stoffe. Deshalb sollten diese **bevorzugt** auf mögliche Ersatzstoffe überprüft werden. [Fachartikel Desinfektionsmittel]

Bei den in der Tabelle 67 aufgeführten Inhaltsstoffe von Desinfektionsmitteln sind die **H-Sätze**, die diese **irreversiblen** Gesundheitsschäden beschreiben, **rot hinterlegt**.

Praxistipp 15: Ersatz von Desinfektionsmitteln mit irreversiblen Risiken

> Es sollten – sofern möglich – Desinfektionsmittel **ohne** Inhaltsstoffe, die **irreversible** Gesundheitsschäden verursachen, eingesetzt werden, vorausgesetzt, sie erfüllen die benötigte desinfizierende Funktion.

Der Einsatz von chemischen Desinfektionsmitteln kann auch durch sogenannte **thermische Verfahren** vermieden werden. Zu den thermischen Verfahren zählen z.B. Verbrennen, Kochen mit Wasser oder auch Dampfdesinfektionsverfahren. Weitere Informationen finden sich in der **Liste** der vom **Robert Koch-Institut** geprüften und anerkannten Desinfektionsmittel und -verfahren. [Liste Desinfektionsmittel und -verfahren]

6. Substitution – Beispiele

Tabelle 67: Stoffeigenschaften von Inhaltsstoffen in Desinfektionsmitteln, Quelle: [C&L-Datenbank]

Name	Glyoxal	Piktogramme	
CAS-Nr.	107-22-2		
H-Sätze	**H341: Kann vermutlich genetische Defekte verursachen.** **H317: Kann allergische Hautreaktionen verursachen.** H332: Gesundheitsschädlich bei Einatmen. H319: Verursacht schwere Augenreizung. H315: Verursacht Hautreizungen.		

Name	Glutaraldehyd	Piktogramme	
CAS-Nr.	111-30-8		
H-Sätze	**H334: Kann bei Einatmen Allergie, asthmaartige Symptome oder Atembeschwerden verursachen.** **H317: Kann allergische Hautreaktionen verursachen.** H331: Giftig bei Einatmen. H301: Giftig bei Verschlucken. H314: Verursacht schwere Verätzungen der Haut und schwere Augenschäden. H400: Sehr giftig für Wasserorganismen.		

Name	Formaldehyd	Piktogramme	
CAS-Nr.	50-00-0		
H-Sätze	**H351: Kann vermutlich Krebs erzeugen.** **H317: Kann allergische Hautreaktionen verursachen.** H331: Giftig bei Einatmen. H311: Giftig bei Hautkontakt. H301: Giftig bei Verschlucken. H314: Verursacht schwere Verätzungen der Haut und schwere Augenschäden.		

6.5 Formaldehyd: Kennzeichnung als krebserzeugend

Formaldehyd ist in der 6. Änderungsverordnung (Verordnung (EU) Nr. 605/2014, sogenannte „6. ATP") zur CLP-Verordnung gelistet:

Das bedeutet, dass für Formaldehyd

- als Reinstoff spätestens ab dem 1.12.2014 und
- als Inhaltsstoff in einem Gemisch spätestens ab dem 1.6.2015

die in der folgenden Tabelle aufgeführte **veränderte Kennzeichnung** gilt. [REACH-CLP-Biozid-Helpdesk]

Tabelle 68: Kennzeichnung von Formaldehyd, Quellen: [GESTIS-Stoffdatenbank] bzw. [REACH-CLP-Biozid-Helpdesk]

Name	Formaldehyd	Piktogramme	
CAS-Nr.	50-00-0		
Kennzeichnung	↓ bis 1.12.2014	↓ 6. ATP	
H-Sätze	H351: Kann vermutlich Krebs erzeugen.	**H350: Kann Krebs erzeugen.** **H341: Kann vermutlich genetische Defekte verursachen.**	
	H301: Giftig bei Verschlucken.		
	H311: Giftig bei Hautkontakt.		
	H331: Giftig bei Einatmen.		
	H314: Verursacht schwere Verätzungen der Haut und schwere Augenschäden.		
	H317: Kann allergische Hautreaktionen verursachen.		

Im Spaltenmodell ergibt sich dann für Formaldehyd die Gefahrenstufe „**sehr hoch**" hinsichtlich der **Gesundheitsgefahren**, wie in Abbildung 30 gezeigt wird.

Formaldehyd wird u.a. zur Sterilisation und Raumdesinfektion eingesetzt. Für diese Tätigkeiten gibt es die Technischen Regeln:

- TRGS 513: Tätigkeiten an Sterilisatoren mit Ethylenoxid und **Formaldehyd** und
- TRGS 522: Raumdesinfektionen mit **Formaldehyd**.

Eine Ersatzstoff-TRGS aus der 600er-Reihe für die oben genannten Tätigkeiten gibt es bisher (noch) nicht.

6. Substitution – Beispiele

Gefahr	akute und chronische Gesundheit
sehr hoch	6. ATP: **H350***⁾
hoch	bis 1.12.2014: H351; H301+H311+H331; H317*⁾
mittel	
gering	

*⁾ **Ausschlaggebend** ist jeweils die **höchste** Gefahrenstufe.

➡ **rot** umrandeter Blockpfeil: **Erhöhung** der Gefahrenstufe

Abbildung 30: Formaldehyd – Bewertung nach Spaltenmodell

Daher wird eine **Substitution** in vielen Fällen – zumindest kurzfristig – **nicht machbar** sein.

Aber schon jetzt ist der Einsatz von Formaldehyd mit einem **hohen Aufwand** verbunden.

Bereits in der Gefahrstoffverordnung finden sich für den Einsatz von Formaldehyd zur Raumdesinfektion und als Begasungsmittel **zahlreiche Anforderungen** (siehe GefStoffV Anhang I Nr. 4 Begasungen), z.B.:

- **Verwendungsbeschränkungen** (Nr. 4.2)
- Erteilung von **Erlaubnis und Befähigungsschein** (Nr. 4.3)
- **schriftliche Anzeige** an die zuständige Behörde (Nr. 4.3.2)
- **Dokumentationspflicht** zu durchgeführten Begasungen (Nr. 4.3.3)

Auch in den Technischen Regeln 513 und 522, in denen Tätigkeiten mit Formaldehyd beschrieben werden, findet sich der Hinweis auf **Substitution** – insbesondere auf die Beurteilung der technischen Eignung einer Substitutionsmöglichkeit im Sinne der TRGS 600 Nr. 5.1 Abs. 2.

TRGS 513

5.4.2 Stand der Technik

(2) Soweit Niedertemperatur-Sterilisationsverfahren mit **anderen** bioziden Wirkstoffen oder Strahlensterilisationsverfahren alternativ angewendet werden, sind die Leitkriterien Patientenschutz, **Arbeits- und Umweltschutz gleichrangig** zu beachten. Auf die **TRGS 600** Nummer 5.1 Abs. 2 **wird hingewiesen**.

Die TRGS 522 hat sogar ein **eigenes Kapitel** zum Thema **Substitutionsprüfung**: Geht von einem für die Raumdesinfektion zugelassenen Biozidprodukt eine **geringere Gefährdung** aus als von **Formaldehyd**, ist eine Substitution vorzunehmen:

6. Substitution – Beispiele

> **5.2 Substitutionsprüfung**
>
> (2) Im Rahmen der Substitutionsprüfung sind folgende Grundsätze zu beachten: (…)
>
> 2. Ist für eine Raumdesinfektion ein **Verfahren** mit einem **zugelassenen Biozidprodukt möglich**, von dem für Beschäftigte und andere Personen bei ihren Tätigkeiten eine **geringere Gefährdung ausgeht** als bei Formaldehyd, ist eine **Substitution** vorzunehmen.
> 3. Der Verzicht auf eine Substitution ist gemäß Nummer 6 der TRGS 600 „Substitution" zu dokumentieren.

TRGS 522

Es gab und gibt also bereits zahlreiche Bestrebungen, **Formaldehyd zu ersetzen**. Sicherlich werden diese Bemühungen durch die **neue** Kennzeichnung von Formaldehyd noch weiter **vorangetrieben**.

Wenn am Arbeitsplatz ein **Verzicht** auf **Formaldehyd nicht möglich** ist, sollte die Wirksamkeit der Schutzmaßnahmen mit dem in der TRGS 513 genannten **Konzentrationswert** von 0,37 mg/m³ überprüft werden.

Schichtmittelwert:	Befund:
Grenzwert 0,37 mg/m³ < 0,37	☑ Schutzmaßnahmen **ausreichend**
Grenzwert 0,37 mg/m³ > 0,37	☒ Schutzmaßnahmen **nicht** ausreichend

> **5.6 Wirksamkeitskontrolle und messtechnische Überwachung**
>
> (3) Als **Bewertungsmaßstab** der **Wirksamkeit technischer Schutzmaßnahmen** sind folgende **Konzentrationswerte** in der Luft am Arbeitsplatz zu verwenden: für Formaldehyd der von der MAK-Kommission empfohlene **Wert** von **0,37 mg/m³**, (…)

TRGS 513

Tabelle 69: MAK-Wert von Formaldehyd, Quelle: [DFG MAK- und BAT-Werte-Liste 2014]

Stoff [CAS-Nr.]	Formel	MAK		Spitzenbegrenzung
		ml/m³ (ppm)	mg/m³	
Formaldehyd [50-00-0]	HCHO	0,3	**0,37**[61]	I (2)[62]

[61] Bei Mischexposition ist darauf zu achten, dass keine Reizwirkung auftritt.
[62] Ein Momentanwert von 1 ml/m³ entsprechend 1,2 mg/m³ sollte nicht überschritten werden.

6. Substitution – Beispiele

Praxistipp 16: Formaldehyd: MAK-Wert als Arbeitsplatzgrenzwert zur Wirksamkeitskontrolle der Schutzmaßnahmen

Dieser Empfehlungswert der MAK-Kommission sollte als **Beurteilungsgrundlage** für die **Wirksamkeitskontrolle** von **Schutzmaßnahmen** bei allen Tätigkeiten mit Formaldehyd herangezogen werden, **bis** ein **rechtsverbindlicher** Arbeitsplatzgrenzwert in der TRGS 900 oder Akzeptanz- und Toleranzkonzentrationswerte in der TRGS 910 veröffentlicht werden.

6.6 TRGS 610 – Stark lösemittelhaltige Vorstriche und Klebstoffe

Die TRGS 610 regelt „Ersatzstoffe und Ersatzverfahren für **stark lösemittelhaltige** Vorstriche und Klebstoffe für den Bodenbereich".

Zum Einstieg in dieses Thema wird der in der TRGS verwendete Begriff „GISCODE", ein Klassifizierungsschlüssel für Baustoffe, definiert:

2.3 GISCODE

Der GISCODE ist eine **Typenkennzeichnung** (…) und fasst Produkte mit **vergleichbarer Gesundheitsgefährdung** und **identischen Schutzmaßnahmen** zu Gruppen zusammen. Der GISCODE ist auf den Herstellerinformationen (Sicherheitsdatenblätter, Technische Merkblätter) und auf den Gebindeetiketten aufgebracht.

Zur Definition „Lösemittel" ➔ *Kapitel 4.13 Funktion/Verwendungszweck: Einsatzstoff oder Lösemittel.*

Im Titel der TRGS 610 wird von Vorstrichen und Klebstoffen gesprochen, die „stark lösemittelhaltig" sind. Was ist darunter zu verstehen?

In der folgenden Tabelle aus der TRGS 610 werden die Produkte, abhängig von ihrem Lösemittelgehalt, in „stark lösemittelhaltig" bis „lösemittelfrei" eingeteilt.

Tabelle 70: Einteilung von Vorstrichen und Klebstoffen für den Bodenbereich, Quelle: [TRGS 610], redaktionell bearbeitet

Vorstriche und Klebstoffe	Lösemittelgehalt	GISCODE
stark lösemittelhaltig	über 10 %	S 0,5 – S 6
lösemittelhaltig	bis 10 %	D 5 – D 7
lösemittelarm	bis 5 %	D 2 – D 4
lösemittelfrei	≤ 0,5 %	D 1

6. Substitution – Beispiele

Der Begriff „lösemittel**frei**" ist **nicht zu wörtlich** zu nehmen, denn auch bei diesen Vorstrichen und Klebstoffen sind **Lösemittelgehalte bis zu 0,5 % erlaubt**.

Merksatz 27: Lösemittelfrei heißt nicht „frei von Lösemitteln"!

> **Lösemittelfrei** heißt **nicht**, dass **kein** Lösemittel mehr enthalten ist.
>
> Je nach Definition sind „**geringe**" Lösemittelgehalte **erlaubt** bzw. es dürfen bestimmte Emissionswerte nicht überschritten werden.

Stark lösemittelhaltige Klebstoffe können **über 40 %** Lösemittel enthalten. [Fachartikel Lösemittelgehalt]

Die Verwendung dieser **stark lösemittelhaltigen** Vorstriche und Klebstoffe ist neben gesundheitlichen Gefahren auch mit weiteren Gefahren, z.B. **Brand- und Explosionsgefahren**, verbunden:

> **3.1 Gefährliche Eigenschaften der eingesetzten Stoffe und Verfahren und sich daraus ergebende Gefährdungen für Beschäftigte**
>
> (2) Bei der Verwendung von **stark lösemittelhaltigen** Vorstrichen und Klebstoffen für den Bodenbereich (GISCODE S 1–S 6) besteht **Brand- und Explosionsgefahr**.

Gibt es noch andere Möglichkeiten, die Brand- und Explosionsgefahren zu vermeiden, außer auf Vorstriche und Klebstoffe mit **geringerem** Lösemittelgehalt **auszuweichen**?

Es wird oft vergessen, dass sich **Substitution nicht nur** auf **Stoffe**, sondern auch auf **Verfahren** bezieht. Einige dieser Verfahren kommen **ganz ohne** den Einsatz von **lösemittelhaltigen** Klebern aus.

> **3.3 Ersatzverfahren ohne Klebstoffeinsatz**
>
> (1) In Abhängigkeit vom Untergrund und der Beanspruchung können spezielle Bodenbeläge **lose verlegt oder verspannt** werden.
>
> (2) Einige Parkett- und Holzbodenarten können **schwimmend verlegt, genagelt oder verschraubt** werden.

In der Praxis spielen **stark lösemittelhaltige** Klebstoffe inzwischen **keine Rolle** mehr, da heutzutage beim Verlegen von Bodenbelägen fast ausschließlich Dispersionskleber verwendet werden. Diese wer-

6. Substitution – Beispiele

den im Fachjargon entsprechend der GISCODE-Gruppe als **D1-Kleber** bezeichnet. [Fachartikel Lösemittelgehalt]

Die Entwicklung, **nicht** mehr auf stark lösemittelhaltige Vorstriche und Klebstoffe für den Bodenbereich zurückzugreifen, spiegelt sich auch in der TRGS 610 wider:

3.4 Empfohlene Substitutionsmöglichkeiten

(1) Die Verwendung von **stark lösemittelhaltigen** Vorstrichen und Klebstoffen für den Bodenbereich ist **grundsätzlich nicht mehr notwendig**.

Die TRGS 610 ist damit ein Beispiel für eine erfolgreiche Umsetzung der Regeln in der betrieblichen Praxis.

6.7 TRGS 617 – Stark lösemittelhaltige Oberflächenbehandlungsmittel

Die TRGS 617 behandelt „Ersatzstoffe für **stark lösemittelhaltige** Oberflächenbehandlungsmittel für Parkett und andere Holzfußböden".

Es stellt sich hier die Frage: **Wann** sind Oberflächenbehandlungsmittel „**stark lösemittelhaltig**"?

Mithilfe der Angaben aus der TRGS 617 teilt die folgende Tabelle die Produkte, abhängig von ihrem Lösemittelgehalt, in „**stark** lösemittelhaltig" bis „**lösemittelfrei**" ein.

Tabelle 71: Einteilung von Oberflächenbehandlungsmitteln für Parkett und andere Holzfußböden, Quelle: [TRGS 617], redaktionell bearbeitet

Oberflächenbehandlungsmittel für Parkett und andere Holzfußböden	Lösemittelgehalt	GISCODE
stark lösemittelhaltig	> 15 %	G1, G2, G3, KH1, KH2, DD1, DD2, SH1, Ö60, Ö70, Ö100
lösemittelhaltig	5 – 15 %	W3, W3+, W3/DD, W3/DD+, Ö40, Ö40+, Ö50, Ö90
lösemittelarm	< 5 %	W2, W2+, W2/DD, W2/DD+, Ö20, Ö20+, Ö30, Ö80
lösemittelfrei	≤ 0,1 %	W1, W1/DD, Ö10, Ö10+, Ö10/DD, Ö10/DD+

6. Substitution – Beispiele

Neben der **Brand- und Explosionsgefahr** sowie gesundheitlichen Gefahren können beim Einsatz von **stark lösemittelhaltigen** Oberflächenbehandlungsmitteln auch **Arbeitsplatzgrenzwerte überschritten** werden.

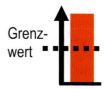

> **3.1 Gefährliche Eigenschaften der eingesetzten Stoffe und Verfahren und sich daraus ergebende Gefährdungen für Beschäftigte**
>
> (1) Bei der Verwendung von **stark lösemittelhaltigen** Oberflächenbehandlungsmitteln für Parkett und andere Holzfußböden (GISCODE G1, G2, G3, KH1, KH2, DD1, DD2, SH1, Ö60) ist davon auszugehen, dass die **Arbeitsplatzgrenzwerte** nach TRGS 900 „Arbeitsplatzgrenzwerte" (…) **überschritten** werden (…) und es besteht Brand- und Explosionsgefahr.

Um die Gesundheitsgefährdung durch die Überschreitung von Arbeitsplatzgrenzwerten zu reduzieren, wird als Schutzmaßnahme oft das **dauerhafte/ständige Tragen von Atemschutz** angewendet.

Die Gefahrstoffverordnung schreibt aber vor, den **Einsatz** z.B. von belastendem Atemschutz zu **minimieren**. Als **vorrangige**, da effektivste Schutzmaßnahme ist auch hier die Substitution gefordert.

In der TRGS 617 (Ausgabe: Januar 2013) wird der Einsatz **stark lösemittelhaltiger** Oberflächenbehandlungsmittel **nicht mehr** als **Stand der Technik** gesehen.

> **3.2 Anlässe für Substitution**
>
> (1) Die Verwendung von **stark lösemittelhaltigen** Oberflächenbehandlungsmitteln für Parkett und andere Holzfußböden ist **nicht mehr Stand der Technik**. Daher sind im gewerblichen und im nicht gewerblichen Bereich **stark lösemittelhaltige** Oberflächenbehandlungsmittel für Parkett und andere Holzfußböden **nicht mehr einzusetzen**.

Ausgenommen von dieser Aussage wird lediglich das Grundieren von Holzfußböden. Hier kann der Einsatz **stark lösemittelhaltiger** Produkte noch **erforderlich** sein, um das Austreten von Holzinhaltsstoffen zu vermeiden. [TRGS 617]

6. Substitution – Beispiele

Für alle anderen Fälle werden Ersatzmöglichkeiten genannt, bei denen von einer **Einhaltung** der **Arbeitsplatzgrenzwerte** ausgegangen werden kann. Da Oberflächenbehandlungsmittel **Gemische** darstellen, wird in dem folgenden Zitat auch der sogenannte **Summengrenzwert** (Summe aus allen Einzelstoffen mit Arbeitsplatzgrenzwert) aufgeführt, der **ebenfalls eingehalten** ist.

> **3.5 Kriterien für die gesundheitliche und physikalisch-chemische Gefährdung**
>
> (5) Bei Einsatz von Oberflächenbehandlungsmitteln der GISCODE-Gruppen W1, W2+, W2/DD+, W3+, W3/DD+, Ö10, Ö10+, Ö20, Ö20+, Ö40, Ö40+ und Ö10/DD+ werden die **Arbeitsplatzgrenzwerte** sowie die **Summengrenzwerte eingehalten** (Bewertungsindex nach TRGS 402 kleiner als 1).

Bei den genannten GISCODE-Gruppen handelt es sich um folgende Oberflächenbehandlungsmittel:

Tabelle 72: Oberflächenbehandlungsmittel, bei denen Arbeitsplatzgrenzwerte sowie Summengrenzwerte eingehalten werden, Quelle: [TRGS 617], redaktionell bearbeitet

GISCODE	Bezeichnung des Oberflächenbehandlungsmittels
Wassersiegel, NMP-frei	
W1	Wassersiegel, lösemittelfrei
W2+	Wassersiegel, Lösemittelgehalt bis 5 %, N-Methylpyrrolidonfrei
W2/DD+	Wassersiegel mit isocyanathaltigem Härter, Lösemittelgehalt bis 5 %; N-Methylpyrrolidonfrei
W3+	Wassersiegel, Lösemittelgehalt bis 15 %, N-Methylpyrrolidonfrei
W3/DD+	Wassersiegel mit isocyanathaltigem Härter, Lösemittelgehalt bis 15 %; N-Methylpyrrolidonfrei
Öle und Wachse	
Ö10	Öle/Wachse, lösemittelfrei
Ö10+	Öle/Wachse, lösemittelfrei, butanonoximfrei
Ö20	Öle/Wachse, lösemittelarm, entaromatisiert
Ö20+	Öle/Wachse, lösemittelarm, entaromatisiert, butanonoximfrei
Ö40	Öle/Wachse, lösemittelhaltig, entaromatisiert
Ö40+	Öle/Wachse, lösemittelhaltig, entaromatisiert, butanonoximfrei
Ö10/DD+	Lösemittelfreie Öle/Wachse mit isocyanathaltigem Härter, butanonoximfrei

6.8 Substitution mit chemisch ähnlichen Verbindungen

6.8.1 N-Methylpyrrolidon (NMP) – N-Ethylpyrrolidon (NEP)

Die Substitution eines Stoffes durch einen chemisch ähnlichen Stoff – und damit verbunden ähnlichen Eigenschaften und Gefahren – mag auf den ersten Blick Sinn machen. Dennoch ist Vorsicht geboten, wenn beim möglichen Ersatzstoff die **Datenlage** noch **nicht so gut** ist wie beim eingesetzten Stoff.

Im **Laufe der Jahre** kann sich nämlich herausstellen, dass der vermeintlich weniger gefährliche Ersatzstoff **doch** (wieder) **mindestens genauso gefährlich ist** wie der ursprünglich eingesetzte Stoff.

Ein Beispiel in diesem Zusammenhang ist

- N-Methyl-2-pyrrolidon (NMP),

welches in der Vergangenheit oft durch das vermeintlich weniger gefährliche

- N-Ethyl-2-pyrrolidon (NEP)

ersetzt wurde.

Die höchste Gesundheitsgefahr bei NMP ist seine **fruchtschädigende** Wirkung (Kennzeichnung mit H360D).

In der folgenden Tabelle ist die Kennzeichnung von 2-Methylpyrrolidon aufgeführt. H360D ist entsprechend seiner Gefahrenstufe „hoch" im Spaltenmodell orange hinterlegt.

Tabelle 73: Kennzeichnung von N-Methyl-2-pyrrolidon, Quelle: [C&L-Datenbank], redaktionell bearbeitet und ergänzt

Stoff	N-Methyl-2-pyrrolidon		
CAS-Nr.	872-50-4		
Piktogramme	⚠️ ❗	Strukturformel	[Strukturformel von N-Methyl-2-pyrrolidon]
H-Sätze	H360D: Kann das Kind im Mutterleib schädigen.		
	H319: Verursacht schwere Augenreizung.		
	H335: Kann die Atemwege reizen.		
	H315: Verursacht Hautreizungen.		
CMR-Kategorie	Repr. 1B		

6. Substitution – Beispiele

Der mit NMP verwandte Stoff **NEP** galt 2013 noch als „**nur potenziell reproduktionstoxischer** Stoff". Es verdichteten sich aber schon damals die **Hinweise**, dass die **schädlichen Wirkungen von NEP denen von NMP in nichts nachstehen** und der Stoff nur noch nicht hinreichend untersucht wurde. Inzwischen gibt es Betriebe, die von NEP gänzlich wieder abgerückt sind, und für diesen Stoff wiederum Ersatzstoffe gefunden haben. [Fachartikel Substitutionsprüfung]

Inzwischen ist N-Ethyl-2-pyrrolidon in der **5. Änderungsverordnung zur CLP-Verordnung** (Verordnung (EU) Nr. 944/2013) gelistet. Dort wird er als Reinstoff in die gleiche CMR-Kategorie wie N-Methylpyrrolidon eingestuft und muss spätestens ab dem 1.12.2014 **auch** mit dem H-Satz **H360D** gekennzeichnet werden, wie Tabelle 74 zeigt:

Tabelle 74: Kennzeichnung von N-Ethyl-2-pyrrolidon, Quelle: [REACH-CLP-Biozid-Helpdesk], redaktionell bearbeitet und ergänzt

	N-Ethyl-2-pyrrolidon		
CAS-Nr.	2687-91-4		
Stoff Piktogramm	⬥	Strukturformel	(Strukturformel)
H-Satz	H360D: Kann das Kind im Mutterleib schädigen.		
CMR-Kategorie	Repr. 1B		

Bei diesem Beispiel hat sich durch die verbesserte Datenlage im Nachhinein herausgestellt, dass der „vermeintlich weniger gefährliche" **Ersatzstoff NEP** aufgrund der **fruchtschädigenden Wirkung** ebenso mit einer „**hohen**" Gesundheitsgefahr verbunden ist. Das ist jedoch kein Grund, grundsätzlich von einer Substitution abzuraten.

Beurteilungsergebnisse zu möglicherweise geeigneten Ersatzstoffen können sich im Laufe der Zeit **verändern**. Das **Ergebnis** der Substitutionsprüfung ist dann der neuen Datenlage entsprechend **anzupassen**.

6. Substitution – Beispiele

Praxistipp 17: Substitution je nach Datenlage

EIN richtiger Entscheidungsweg (wann sollte man substituieren und wann nicht?) für **ALLE** Fälle von Substitutionen in Abhängigkeit der Datenlage kann hier leider **nicht** genannt werden.

Der einzige Tipp, der an dieser Stelle gegeben werden kann, ist: Bleiben Sie am Ball und springen Sie nicht gleich auf jeden Substitutionszug auf.

Wenn sich neue **Hinweise** auf kritische Eigenschaften „häufen" oder „verstärken", ist die Substitutionsentscheidung erneut zu überprüfen und gegebenenfalls zu ändern.

6.8.2 Tetrahydrofuran – 2-Methyltetrahydrofuran – Cyclopentylmethylether

Die Kennzeichnung von **Tetrahydrofuran** (THF) als „vermutlich **krebserzeugend**" in der 3. Anpassungsverordnung zur CLP-Verordnung (Verordnung (EU) Nr. 618/2012) führte in vielen Betrieben zur **Substitution** mit der **chemisch ähnlichen** Verbindung 2-Methyltetrahydrofuran.

Für 2-Methyltetrahydrofuran (2-MeTHF) gibt es noch **keine** „verbindliche" Kennzeichnung aus Anhang VI der CLP-Verordnung. In dem Internetportal SUBSPORT wird für **2-Methyltetrahydrofuran** selbst wieder ein **Ersatzstoff** genannt, nämlich **Cyclopentylmethylether (CPME)**. [SUBSPORT]

Beginnen wir mit einem Vergleich der drei Stoffe. In der folgenden Tabelle sind die Kennzeichnungen von Tetrahydrofuran und seinen beiden möglichen Ersatzstoffen aufgeführt. Die H-Sätze sind entsprechend ihrer Gefahrenstufe aus dem Spaltenmodell farbig hinterlegt.

Tabelle 75: Stoffeigenschaften von Tetrahydrofuran, 2-Methyltetrahydrofuran und Cyclopentylmethylether

Stoff	Tetrahydrofuran*⁾	2-Methyltetrahydrofuran**⁾	Cyclopentylmethylether***⁾
Abkürzung	THF	2-MeTHF	CPME
CAS-Nr.	109-99-9	96-47-9	5614-37-9
Strukturformel	(Struktur)	(Struktur)–CH₃	(Struktur)–O–CH₃
Piktogramme	🔥 ☠ ❗	🔥 ❗	

6. Substitution – Beispiele

Tabelle 75: *(Fortsetzung)*

Stoff	Tetrahydrofuran*⁾	2-Methyltetra-hydrofuran**⁾	Cyclopentylmethyl-ether***⁾
H-Sätze Gesundheitsgefahren	H351: Kann vermutlich Krebs erzeugen.	–	–
	–	–	H302: Gesundheitsschädlich beim Verschlucken.
	H319: Verursacht schwere Augenreizung.	–	H319: Verursacht schwere Augenreizung.
	–	–	H315: Verursacht Hautreizungen.
	H335: Kann die Atemwege reizen.	–	–
H-Sätze Physikalisch-chemische Gefahren	EUH019: Kann explosionsfähige Peroxide bilden.		–
	H225: Flüssigkeit und Dampf leicht entzündbar.		
WGK	1	2	3
Dampfdruck	173 hPa (20 °C)	136 hPa (20 °C)	
	220 hPa (25 °C)	170 hPa (25 °C)	59,9 hPa (25 °C)
Siedepunkt	64 °C	80 °C	106 °C

*⁾ THF: Quelle Kennzeichnung: [C&L-Datenbank], Quelle WGK, Dampfdruck und Siedepunkt: [GESTIS-Stoffdatenbank]
**⁾ 2-MeTHF: Quelle Kennzeichnung: Sicherheitsdatenblatt von Sigma Aldrich, Produktnr. 414287, Version 4.6, überarbeitet am 12.5.2014, Quelle WGK, Dampfdruck und Siedepunkt: [GESTIS-Stoffdatenbank]
***⁾ CPME: Quelle Kennzeichnung, WGK, Dampfdruck und Siedepunkt: Sicherheitsdatenblatt von Sigma Aldrich, Produktnr. 675970, Version 4.4, überarbeitet am 12.4.2012

In Abbildung 31 kommt für die betrachteten Stoffe das **Spaltenmodell** zur Anwendung.

Beim Vergleich von THF mit dem Ersatzstoff **2-MeTHF** ergibt sich

- eine **deutliche Reduzierung** bei den **Gesundheitsgefahren** (von „hoch" auf „vernachlässigbar") und
- eine Erhöhung bei den **Umweltgefahren**.

Beim Einsatz des Ersatzstoffes **CPME** ergibt sich

- eine Reduzierung bei den Gesundheitsgefahren und
- eine deutliche Erhöhung bei den Umweltgefahren (von „gering" auf „sehr hoch").

6. Substitution – Beispiele

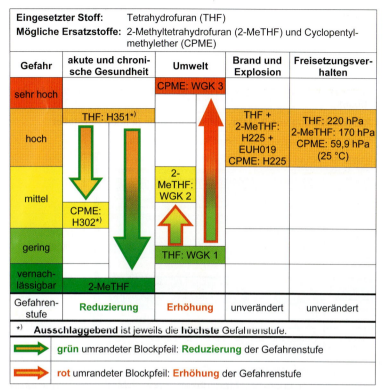

Abbildung 31: Tetrahydrofuran und Ersatzstoffe 2-Methyltetrahydrofuran und Cyclopentylmethylether – Bewertung nach Spaltenmodell

Aufgrund der **deutlichen** Reduzierung der **Gesundheitsgefahren** von „hoch" auf „vernachlässigbar" wäre hier primär der Ersatz von THF durch **2-MeTHF** zu empfehlen, da sich, werden die in der Abbildung genannten Daten zugrunde gelegt, beim Ersatz durch CPME die Gesundheitsgefahr nur von „hoch" auf „mittel" verringert.

Allerdings gilt es zu bedenken, dass es für 2-Methyltetrahydrofuran (2-MeTHF) noch **keine „verbindliche" Kennzeichnung** aus Anhang VI der CLP-Verordnung gibt. Das bedeutet, dass – je nach Hersteller – auch **andere Einstufungen** und Kennzeichnungen als die in der Tabelle 75 genannten zu finden sind.

Je nach verwendeter Quelle bzw. Angabe im Sicherheitsdatenblatt darf 2-Methyltetrahydrofuran bezüglich seiner Gesundheitsgefahren nicht

6. Substitution – Beispiele

der Gefahrenstufe **„vernachlässigbar"** zugeordnet werden, sondern ist in eine höhere Gefahrenstufe einzustufen. Die folgende Tabelle zeigt, wie unterschiedlich die verschiedenen Hersteller den Stoff kennzeichnen.

Tabelle 76: Kennzeichnung von 2-Methyltetrahydrofuran, Quelle: [C&L-Datenbank]

Kennzeichnung von 2-Methyltetrahydrofuran je nach Hersteller		
H225	Flüssigkeit und Dampf leicht entzündbar.	abnehmende Häufigkeit
EUH019	Kann explosionsfähige Peroxide bilden.	
H319	Verursacht schwere Augenreizung.	
H315	Verursacht Hautreizungen.	
H336	Kann Schläfrigkeit und Benommenheit verursachen.	
H335	Kann die Atemwege reizen.	
H301	Giftig bei Verschlucken.	
EUH066	Wiederholter Kontakt kann zu spröder oder rissiger Haut führen.	
H302	Gesundheitsschädlich bei Verschlucken.	
H332	Gesundheitsschädlich bei Einatmen	

Abgesehen von der unterschiedlichen Kennzeichnung durch die Hersteller besteht auch die Möglichkeit, dass 2-Methyltetrahydrofuran zukünftig noch genauer untersucht wird und dann mit weiteren H-Sätzen eingestuft und gekennzeichnet werden muss, wenn entsprechende Prüfergebnisse vorliegen.

Dennoch steht die Frage weiterhin im Raum, warum im Internetportal SUBSPORT der Ersatzstoff Cyclopentylmethylether gegenüber 2-Methyltetrahydrofuran favorisiert wird. In diesem Portal werden **weitere** relevante Kriterien für eine Substitutionsprüfung betrachtet, z.B. ob die möglichen Ersatzstoffe überhaupt **technisch** geeignet sind.

Diese Vorteile sind zum Teil bei der Anwendung des **Spaltenmodells nicht erkennbar**.

Tabelle 77 fasst einige der **zahlreichen** Vorteile von
- 2-Methyltetrahydrofuran gegenüber Tetrahydrofuran und
- Cyclopentylmethylether gegenüber 2-Methyltetrahydrofuran

zusammen, die in der Literatur genannt werden. [CPME-Broschüre]

6. Substitution – Beispiele

Tabelle 77: Vorteile von 2-Methyltetrahydrofuran gegenüber Tetrahydrofuran und von Cyclopentylmethylether gegenüber 2-Methyltetrahydrofuran, Quelle: [CPME-Broschüre], eigene Übersetzung aus dem Englischen

Eigenschaften	2-MeTHF: Vorteile gegenüber THF	CPME: Vorteile gegenüber 2-MeTHF
	➡️	
Gefahr der Peroxidbildung	**geringere** Peroxidbildung als bei THF (Stabilisator erforderlich)	**keine** Peroxidbildung mehr: **keine** Kennzeichnung mit EUH019
Trocknung	**leichter** möglich als bei THF	**noch leichter** möglich als bei 2-MeTHF
	aufgrund Bildung eines wasserreichen Azeotrops	
Wasserlöslichkeit/Mischbarkeit in Wasser	**begrenzte** Mischbarkeit in Wasser (4,1 g/100 g bei 23 °C)	**noch begrenztere** Mischbarkeit in Wasser (1,1 g/100 g bei 23 °C) als bei 2-MeTHF
	einfache Abtrennung und Wiedergewinnung aus Wasser verringert den Abfallstrom	
Siedepunkt	**höher** (80 °C) im Vergleich zu THF	**noch höher** (106 °C) als bei 2-MeTHF
	höhere Reaktionstemperatur verringert die Gesamtreaktionsdauer	

Die Gefahr der **Peroxidbildung** kann im Spaltenmodell noch anhand der Kennzeichnung mit dem H-Satz **EUH019** erkannt werden:

2-MeTHF ist mit dem **EUH019** gekennzeichnet, auch wenn die Peroxidbildung schon **geringer** ist als bei THF.

CPME bildet **keine** Peroxide und ist daher **nicht** mit dem EUH019 gekennzeichnet.

Gefahr	Brand und Explosion: NUR EUH019 (Peroxidbildung)
sehr hoch	
hoch	THF + 2-MeTHF: EUH019
mittel	
gering	
vernachlässigbar	CPME: ohne EUH019

Auch bei der Beurteilung des **Freisetzungsverhaltens** stößt man bei der Anwendung des **Spaltenmodells** an gewisse **Grenzen**:

6. Substitution – Beispiele

Die **Reduzierung** des Freisetzungsverhaltens aufgrund des **abnehmenden Dampfdrucks** wird im Spaltenmodell **nicht** deutlich: Alle drei Dampfdrücke (bezogen auf 25 °C) sind in der **gleichen** Gefahrenstufe „hoch".

Gefahr	Freisetzungsverhalten (Dampfdruck in hPa bei 25 °C)		
sehr hoch			
hoch	THF:	220	hPa
	2-MeTHF:	170	
	CPME:	59,9	
mittel			
gering			
vernachlässigbar			

Da im **Spaltenmodell** nur der Dampfdruck, **nicht** aber der **Siedepunkt** als Kriterium für das Freisetzungsverhalten genannt wird, könnte an dieser Stelle noch das „Einfache Maßnahmenkonzept Gefahrstoffe" (EMKG) weiterhelfen, weil dort die Freisetzungsgruppe von Flüssigkeiten in Abhängigkeit des **Siedepunkts** beurteilt werden kann.

In Tabelle 61 auf Seite 141 wurde die Zuordnung des Siedepunkts zur Freisetzungsgruppe dargestellt. Bezogen auf eine Raumtemperatur von 20 °C ergibt sich für alle drei Stoffe jedoch auch hier die **gleiche** Freisetzungsgruppe „mittel" (50 ≤ Siedepunkt ≤ 150):

Tabelle 78: Freisetzungsgruppe, Quelle: [EMKG], angewendet auf THF, 2-MeTHF und CPME

Stoff	Tetrahydrofuran	2-Methyltetrahydrofuran	Cyclopentylmethylether
Abkürzung	THF	2-MeTHF	CPME
Siedepunkt [°C]	64	80	106
Freisetzungsgruppe	mittel	mittel	mittel

Aber: Anhand der Abbildung 32 wird deutlich, dass Tetrahydrofuran mit einem Siedepunkt von 64 °C nur **knapp** oberhalb der **Grenze** zwischen der **hohen** und der **mittleren** Freisetzungsgruppe liegt, während Cyclopentylmethylether mit einem Siedepunkt von 106 °C deutlich innerhalb in der Freisetzungsgruppe „mittel" liegt.

Die oben beschriebenen **Vorteile** von Cyclopentylmethylether gegenüber 2-Methyltetrahydrofuran (d.h. leichtere Trocknung, noch begrenz-

6. Substitution – Beispiele

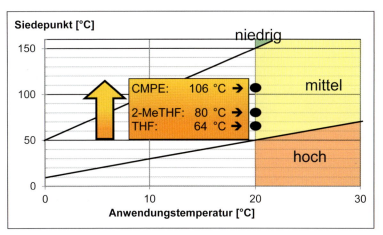

Abbildung 32: Ermittlung der Freisetzungsgruppe anhand des Siedepunkts, Quelle: [EMKG], redaktionell angepasst und korrigiert, angewendet auf THF, 2-MeTHF und CPME

tere Mischbarkeit in Wasser und höherer Siedepunkt) können im Rahmen der **Substitutionsprüfung** zum **Ergebnis** führen, dass CPME **trotz** seiner **höheren** Gesundheitsgefahr im Vergleich zu 2-MeTHF bevorzugt als **Ersatzstoff** für THF eingesetzt wird.

Aus diesen Gründen ist es gut nachvollziehbar, warum in der SUBSPORT-Datenbank im Fallbeispiel 264 die **Substitution** von Tetrahydrofuran und 2-Methyltetrahydrofuran **durch Cyclopentylmethylether** als möglicher Weg beschrieben ist:

Tabelle 79: Cyclopentylmethylether, Quelle: [SUBSPORT], Fallbeispiel 264: http://www.subsport.eu/case-stories/264-en?lang=de, eigene Übersetzung aus dem Englischen

Stoff	Cyclopentylmethylether
Fallbeispiel 264-EN: Cyclopentylmethylether als Alternative bei Lösemitteln (…) **Cyclopentylmethylether (CPME)** kann als Ersatz für die folgenden Lösemittel eingesetzt werden: • **Tetrahydrofuran (THF)**, • **2-Methyltetrahydrofuran (2-MeTHF)**, • Methyl-tert-butylether (MTBE) oder • 1,4-Dioxan, (…)	

7. Informationsbeschaffung im Internet

7.1 Internetrecherche

Das Internet vereinfacht die Suche nach Ersatzstoffen enorm.

Praxistipp 18: Substitution – Recherchen im Internet

Gibt man den Namen des eingesetzten Stoffes in Kombination mit Wörtern wie „Ersatz" oder „ersetzen" ein, erhält man oft Vorschläge für Ersatzstoffe.

Anbei ein paar Beispiele (ohne Anspruch auf Vollständigkeit):
- Ethidiumbromid ➜ Ersatz durch GelRED-Farbstoff, DNA-Dye Non-Tox
- Benzol ➜ Ersatz durch Toluol
- Tetrahydrofuran ➜ Ersatz durch 2-Methyltetrahydrofuran (2-MeTHF) oder Cyclopentylmethylether (CPME) (➜ *Kapitel 6.8.2*)

7.2 Internetportal SUBSPORT

In der betrieblichen Praxis stellt sich bei der Substitutionsprüfung oft die Frage, wie man mit **möglichst wenig zeitlichem Aufwand**
- **viele Stofflisten** auf Stoffe mit kritischen Stoffeigenschaften durchsuchen kann,
- Vorschläge für **weniger** kritische Stoffe enthält, die auch schon **erfolgreich** an anderen Arbeitsplätzen eingesetzt wurden.

Ein erster Schritt in diese Richtung wurde mit dem **Internetportal SUBSPORT** (Substitution Support Portal) realisiert. In diesem Portal werden
- zur Zeit insgesamt **29 Listen** mit als kritisch angesehenen Stoffen **zusammengefasst**, die insgesamt oder gezielt (auch nach Namensfragmenten) **durchsucht** werden können,
- **Erfahrungen** bzgl. des Einsatzes von Ersatzstoffen an anderen Arbeitsplätzen als sogenannte **Fallbeispiele** erfolgreicher Substitution beschrieben. [Fachartikel 5 Jahre REACH]

SUBSPORT bietet eine **kostenlose**, mehrsprachige Plattform für den **Informationsaustausch** über **alternative Stoffe** und Technologien sowie Instrumente und Leitlinien für die Bewertung von Stoffen und das Substitutionsmanagement. [SUBSPORT-Leitlinien]

7. Informationsbeschaffung im Internet

Lassen Sie sich nicht dadurch verwirren, wenn ein und **derselbe Stoff** bei einigen Tätigkeiten als **zu substituierender Stoff** und bei anderen Tätigkeiten als **Ersatzstoff** genannt wird.

Bei der Substitution ist zu berücksichtigen, dass Produkte **technisch geeignet** sein müssen, also bestimmte **Eigenschaften erfüllen** müssen, z.B. hinsichtlich Härtegrad, Korrosionsbeständigkeit, chemischer Beständigkeit, Temperaturbeständigkeit, Haltbarkeit oder Löslichkeit in Wasser. Nicht alle Stoffe werden den erforderlichen Anforderungen gerecht.

Ziel ist es, je nach Tätigkeit bzw. Produkt die **gewünschten Eigenschaften** mit dem Einsatz von **möglichst „unkritischen"** Stoffen zu erreichen.

Praxistipp 19: Link zur Internetplattform SUBSPORT

> Die Internetplattform SUBSPORT erreichen Sie über folgenden Link: http://www.subsport.eu/?lang=de

7.3 Weitere Internetportale

Tabelle 80 listet einige weitere Internetportale auf, ohne einen Anspruch auf Vollständigkeit zu erheben.

Tabelle 80: Link einiger Internetportale zum Thema Substitution

Link	Informationen über
http://www.gefahr-stoffe-im-griff.de/	→ Ersatzstoffe/Ersatzverfahren
	Methoden zur Ersatzstoffprüfung: z.B. Spaltenmodell-Rechner zur Ersatzstoffprüfung
http://www.arbeits-schutz-center.net/branchenregelungen/brachenregelungen_ueberblick/index.php	→ Branchenregelungen für Gefahrstoffe – Überblick
	Branchenregelungen sind branchen- oder tätigkeitsspezifische Hilfestellungen. Sie werden zentral erarbeitet, enthalten konkrete, auf bestimmte Tätigkeiten, Branchen oder Gefahrstoffe bezogene Empfehlungen und können vom Arbeitgeber für die Beurteilung der Gefährdungen bei Tätigkeiten mit Gefahrstoffen herangezogen werden. (…) Die Tabelle gibt einen **alphabetischen Überblick** mit **Verweisen** auf die jeweilige Branche bzw. das Produkt, die **zutreffenden Technischen Regeln für Gefahrstoffe (TRGS)**, die Leitlinien des Länderausschusses für Arbeitsschutz und Sicherheitstechnik (LASI) sowie auf Expositionsbeschreibungen wie BG/BGIA-Empfehlungen.

Tabelle 80: *(Fortsetzung)*

Link	Informationen über
http://www.cleantool.org/reinigungssuche/	→ Reinigungsmittel und -verfahren **Reinigungsdatenbank**: Diese Datenbank enthält über 260 Prozesse der Metalloberflächenreinigung, der Bauteilreinigung und der Entfettung, die europaweit direkt in den Unternehmen aufgenommen wurden. Alle wichtigen Branchen, Prozesse mit hohem, mittlerem und geringem Durchsatz sowie alle grundlegenden Bearbeitungsverfahren, wie mechanische Bearbeitung, Wärmebehandlung, Farbbeschichtung, Phosphatierung, Galvanisierung und Reparatur/Wartung, sind berücksichtigt.
http://www.bgbau.de/gisbau/fachthemen	→ Staubreduzierung am Bau • staubarme Bearbeitungssysteme • Ergebnisse des Forschungsprojektes • staubarme Produkte

7.4 Weitere Internetlinks

In der heutigen Zeit, wäre es unmöglich, alle relevanten Internetlinks zum Thema Gefahrstoffe – Rechtstexte, Einstufung, Kennzeichnung und vieles mehr – anzugeben. Daher finden Sie hier nur eine Auswahl **(Stand: Oktober 2014!)**

Link	Erläuterung
www.baua.de/trgs	enthält alle Technischen Regeln für Gefahrstoffe (TRGS) und Bekanntmachungen zu Gefahrstoffen (BekGS)
www.dguv.de/ifa/de/gestis/stoffdb/index.jsp	GESTIS-Stoffdatenbank: enthält Informationen für den sicheren Umgang mit Gefahrstoffen
www.dguv.de/ifa/de/fac/kmr/index.jsp	Liste der krebserzeugenden, erbgutverändernden oder fortpflanzungsgefährdenden Stoffe (KMR-Liste)
http://echa.europa.eu/de/information-on-chemicals/cl-inventory-database	Datenbank des C&L-Verzeichnisses: Diese Datenbank enthält Informationen zur Einstufung und Kennzeichnung (C&L) von gemeldeten und registrierten Stoffen, die Hersteller und Importeure übermittelt haben, einschließlich einer Liste harmonisierter Einstufungen. Die Datenbank wird regelmäßig mit neuen und überarbeiteten Meldungen aktualisiert.
www.reach-clp-biozid-helpdesk.de/	REACH-CLP-Biozid-Helpdesk: enthält u.a. Wortlaut der CLP-Verordnung und alle Änderungsverordnungen sowie Wortlaut der REACH-Verordnung

8. Anhänge

Lösungen der Übungsaufgaben

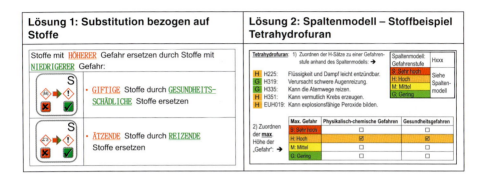

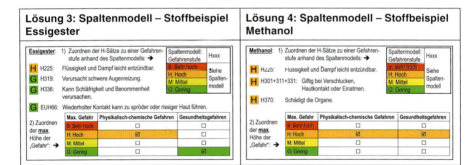

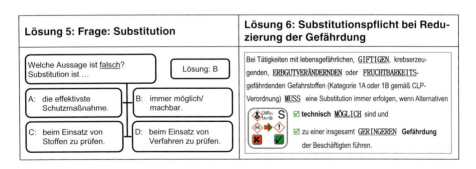

8. Anhänge

Lösung 7: Substitution trotz Steigerung der Kosten

HÖHERE Kosten einer Ersatzlösung führen **nicht** automatisch zur Beurteilung „nicht anzuwenden".

Insbesondere wenn die zu ersetzenden Stoffe eine HOHE **Gefährdung** auslösen, ist der VERRINGERUNG der Gefährdung ein **hohes** Gewicht beizumessen.

Lösung 8: Gesundheitsbasierte Leitkriterien

Leitkriterien (...)
1. Stoffe mit NIEDRIGEM Arbeitsplatzgrenzwert (**AGW**) > Stoffe mit HÖHEREM Arbeitsplatzgrenzwert (bei VERGLEICHBAREN Stoffeigenschaften und Expositionen; bei Flüssigkeiten ist z.B. das Verhältnis von Arbeitsplatzgrenzwert zum DAMPFDRUCK relevant),
2. LEBENSGEFÄHRLICH > giftig > GESUNDHEITSSCHÄDLICH > keines dieser Merkmale,
3. ÄTZEND > REIZEND > keines dieser Merkmale,
4. KREBSERZEUGEND, erbgutverändernd, fortpflanzungsgefährdend (**CMR**) > nicht CMR.

Lösung 9: Physikalisch-chemische Leitkriterien

Die Gefährdung aufgrund der physikalisch-chemischen Eigenschaften des Stoffes lässt sich durch Substitution entlang der aufgeführten Reihenfolge in der jeweiligen Zeile reduzieren:
1. EXTREM entzündbar > LEICHT entzündbar > entzündbar > keines dieser Merkmale,
2. OXIDIEREND > nicht OXIDIEREND,
3. EXPLOSIV > nicht EXPLOSIV.

Lösung 10: Flammpunkthöhe bei Flüssigkeiten

Stoffe mit Flammpunkten (Flp.) KLEINER 23 °C ersetzen durch Stoffe mit Flammpunkten, die **ausreichend sicher** ÜBER der Anwendungstemperatur liegen

D.h.: Liegt der **Flammpunkt** z.B. bei Lösemittelgemischen mindestens 15 K ÜBER der Anwendungstemperatur (AT), so ist für diese Gemische **nicht** mit der BILDUNG explosionsfähiger ATMOSPHÄRE zu rechnen.

Lösung 11: Staubverhalten von Feststoffen

Einsatz emissionsARMER Stäube:

FEINstaubendes Pulver durch GROBstaubende Granulate oder Pellets ersetzen

Bei KORNGRÖSSEN **oberhalb von 1 mm** („Grob-Staub") ist **NICHT** mehr mit Staub-EXPLOSIONEN zu rechnen.

Lösung 12: Leitkriterien: Freisetzungspotenzial (1/2)

Das Freisetzungspotenzial eines Gefahrstoffs in die Luft am Arbeitsplatz kann im Allgemeinen durch Substitution entlang der aufgeführten Reihenfolge in der jeweiligen Zeile reduziert werden:
1. g   Menge > k   Menge,
2. Verfahren mit Benetzung größer F   > Verfahren mit Benetzung kleiner F   ,
3. Aggregatzustand: G   > F   > Paste,
4. s   Feststoff > nicht s   Feststoff,
5. su   Feststoff > nicht su   Feststoff.

8. Anhänge

> **Lösung 13: Leitkriterien: Freisetzungspotenzial (2/2)**
>
> Das Freisetzungspotenzial eines Gefahrstoffs in die Luft am Arbeitsplatz kann im Allgemeinen durch Substitution entlang der aufgeführten Reihenfolge in der jeweiligen Zeile reduziert werden:
> 1. niedriger Siedepunkt (hoher DAMPFDRUCK) > hoher Siedepunkt (niedriger DAMPFDRUCK),
> 2. OFFENES Verfahren > GESCHLOSSENES Verfahren,
> 3. Verfahren bei HOHEN Temperaturen > Verfahren bei RAUMtemperatur,
> 4. Verfahren unter DRUCK > DRUCKlose Verfahren,
> 5. Verfahren unter Erzeugung von AEROSOLEN > AEROSOLfreie Verfahren,
> 6. LÖSEMITTELHALTIGE Systeme > WÄSSRIGE Systeme.

Abkürzungsverzeichnis

Abkürzung	Erklärung
AGW	Arbeitsplatzgrenzwert
AGS	Ausschuss für Gefahrstoffe
AK	Akzeptanzkonzentration (aus TRGS 910)
A-Staub	alveolengängiger Staub
ATP	Adaptation to Technical Progress, deutsch: Anpassung an den technischen Fortschritt
BAT	Biologischer Arbeitsstoff-Toleranzwert
BGI	BG-Information, → ab Mai 2014: Umbenennung in DGUV Information
BGR	BG-Regel, → ab Mai 2014: Umbenennung in DGUV Regel
CAS	Chemical Abstract Service, vergebene Nummer zur Identifizierung einer chemischen Verbindung
CLP	Classification, Labelling and Packaging of chemicals (Einstufung und Kennzeichnung von Chemikalien)
CMR/KMR	karzinogene, mutagene und reproduktionstoxische Stoffe
DFG	Deutsche Forschungsgemeinschaft
DNEL	Derived No Effect Level
DGUV	Deutsche Gesetzliche Unfallversicherung
E-Staub	einatembarer Staub
EG/EU	Europäische Gemeinschaft/Union
GHS	Global Harmonisiertes System

8. Anhänge

Abkürzung	Erklärung
IFA	Institut für Arbeitsschutz der Deutschen Gesetzlichen Unfallversicherung
IGF	Institut für Gefahrstoff-Forschung
MAK	maximale Arbeitsplatzkonzentration
PBT	persistent, bioakkumulierbar und toxisch
PSA	persönliche Schutzausrüstung
REACH	Registration, Evaluation, Authorisation and Restriction of Chemicals (Registrierung, Bewertung, Zulassung und Beschränkung von Chemikalien)
SDB	Sicherheitsdatenblatt
STOP	Substitution, technische, organisatorische und personenbezogene Schutzmaßnahmen
TK	Toleranzkonzentration (aus TRGS 910)
TRGS	Technische Regel für Gefahrstoffe
TRK	Technische Richtkonzentration
UEP	unterer Explosionspunkt
vPvB	sehr persistent und sehr bioakkumulierbar
WGK	Wassergefährdungsklasse

Literaturverzeichnis

In diesem Buch sind alle Literaturstellen an den eckigen Klammern oder an den Rahmen zu erkennen, z.B.: [DGUV Information 213-850] bzw. DGUV Information 213-850.
Im Folgenden sind die Rechtsvorschriften mit Angabe der Fassung bzw. der Ausgabe und nicht mit Angabe des letzten Änderungsdatums aufgeführt.

Verordnungen

GefStoffV Gefahrstoffverordnung – Verordnung zum Schutz vor Gefahrstoffen, vom 26.11.2010 (BGBl. I S. 1643) (aktuelle Fassung einzusehen unter: www.gesetze-im-internet.de)

REACH-Verordnung Verordnung (EG) Nr. 1907/2006 zur Registrierung, Bewertung, Zulassung und Beschränkung chemischer Stoffe (REACH), zur Schaffung einer Europäischen Chemikalienagentur, vom 18.12.2006 (ABl. L 396 S. 1) (aktuelle Fassung einzusehen unter: www.reach-clp-biozid-helpdesk.de → Rechtstexte und Leitlinien)

8. Anhänge

Technische Regeln und Bekanntmachungen zu Gefahrstoffen (Download mit jeweils aktuellem Stand unter www.baua.de/TRGS)

TRGS 400 Gefährdungsbeurteilung für Tätigkeiten mit Gefahrstoffen, 12/2010

TRGS 460 Handlungsempfehlung zur Ermittlung des Standes der Technik, inklusive Praxisbeispiele, 10/2013

TRGS 500 Schutzmaßnahmen, 1/2008

TRGS 513 Tätigkeiten an Sterilisatoren mit Ethylenoxid und Formaldehyd, 10/2011

TRGS 522 Raumdesinfektion mit Formaldehyd, 1/2013

TRGS 525 Gefahrstoffe in Einrichtungen der medizinischen Versorgung, 9/2014

TRGS 559 Mineralischer Staub, 2/2010

TRGS 600 Substitution, 8/2008

TRGS 610 Ersatzstoffe und Ersatzverfahren für stark lösemittelhaltige Vorstriche und Klebstoffe für den Bodenbereich, 1/2011

TRGS 617 Ersatzstoffe für stark lösemittelhaltige Oberflächenbehandlungsmittel für Parkett und andere Holzfußböden, 1/2013

TRGS 619 Substitution für Produkte aus Aluminiumsilikatwolle, 5/2013

TRGS 720 Gefährliche explosionsfähige Atmosphäre – Allgemeines, 6/2006

TRGS 721 Gefährliche explosionsfähige Atmosphäre – Beurteilung der Explosionsgefährdung, 6/2006

TRGS 722 Vermeidung oder Einschränkung gefährlicher explosionsfähiger Atmosphäre, 3/2012

TRGS 900 Arbeitsplatzgrenzwerte, 1/2006

TRGS 905 Verzeichnis krebserzeugender, erbgutverändernder oder fortpflanzungsgefährdender Stoffe, 3/2014

TRGS 910 Risikobezogenes Maßnahmenkonzept für Tätigkeiten mit krebserzeugenden Gefahrstoffen, 2/2014

BG- bzw. DGUV-Schriften (weitere Informationen und teilweiser Download unter http://publikationen.dguv.de → Regelwerk)

BGI 5151 Sicheres Arbeiten in der pharmazeutischen Industrie, 1/2012

BG-Empfehlung 1039 BG/BIA-Empfehlungen zur Überwachung von Arbeitsbereichen – Flächendesinfektionen in Krankenhausstationen, Mai 2011, Stand: Juli 2002 (www.dguv.de/ifa → Praxishilfen → Gefahrstoffe → Empfehlungen Gefährdungsermittlung der Unfallversicherungsträger (EGU) → Alle EGU und BG/BGIA-Empfehlungen (...) in alphabetischer Reihenfolge)

BG Merkblatt M 051 Gefährliche chemische Stoffe (ehemals auch BGI 536), 2/1997, zurückgezogen 2008

8. Anhänge

BG Merkblatt R 003 Sicherheitstechnische Kenngrößen ermitteln und bewerten (ehemals auch BGI 474), 2/2014

BG Merkblatt T 054 Brennbare Stäube – Antworten auf häufig gestellte Fragen (ehemals auch BGI 8616), 1/2014

DGUV Information 213-850 (ehemals BGI 850-0) Sicheres Arbeiten in Laboratorien, 4/2013 (http://bgi850-0.vur.jedermann.de/index.jsp)

Fachbeiträge und weitere Literatur

CPME-Broschüre Green Chemistry – Alternative Solvents, 2-Methyltetrahydrofuran, Cyclopentyl methyl ether (http://www.sigmaaldrich.com/img/assets/22760/green_chemistry_brochure.pdf)

C&L-Datenbank Datenbank des C&L-Verzeichnisses (http://www.echa.europa.eu/de Informationen über Chemikalien → C&L-Inventory Datenbank des C&L-Verzeichnisses durchsuchen)

DFG MAK- und BAT-Werte-Liste 2014 (http://onlinelibrary.wiley.com/book/10.1002/9783527682010)

DIN EN 15051-3 Exposition am Arbeitsplatz – Messung des Staubungsverhaltens von Schüttgütern – Teil 3: Verfahren mit kontinuierlichem Fall; deutsche Fassung EN 15051-3:2014, März 2014

ECHA-Newsletter Substitution & Innovation, April 2014, Issue 2 (http://newsletter.echa.europa.eu/), S. 22–23: NGO view on substitution

EMKG Einfaches Maßnahmenkonzept Gefahrstoffe, Version 2.2 (http://www.baua.de: Startseite → Informationen für die Praxis → Handlungshilfen und Praxisbeispiele → Einfaches Maßnahmenkonzept Gefahrstoffe)

Fachartikel 29. Münchner Gefahrstofftage R. Dörr: 29. Münchner Gefahrstofftage, in: Gefahrstoffe – Reinhaltung der Luft 1-2/2014, S. 14–16

Fachartikel 5 Jahre REACH A. Wilmes, E. Lechtenberg-Auffarth: Chemikalien- und Arbeitsschutzmanagement nach fünf Jahren REACH, in: BPUVZ 9/2012, S. 400–403

Fachartikel Arzneimittel A. Heinemann: Arbeitsschutzprobleme bei Tätigkeiten mit Arzneimitteln, in: Gefahrstoffe – Reinhaltung der Luft 1-2/2014, S. 27–33

Fachartikel Beratung Gefahrstoffe A. Weber: Beratung immer wichtiger, in: VDSI aktuell 2/2012, S. 7

Fachartikel Brand- und Explosionsgefahren EMKG I. Schweitzer-Karababa et al., in: sicher ist sicher – Arbeitsschutz aktuell 4/2014, S. 190–194

Fachartikel Desinfektionsmittel U. Eickmann et al.: Desinfektionsmittel im Gesundheitsdienst – Informationen für eine Gefährdungsbeurteilung, in: Gefahrstoffe – Reinhaltung der Luft 1-2/2007, S. 17–25

8. Anhänge

Fachartikel Emissionsfaktoren bei Feststoffen H. Marquart et al.: „Stoffenmanager", a Web-Based Control Banding Tool Using an Exposure Process Model, in: Ann. Occup. Hyg., 52, 6, 2008, S. 429–441 (http://annhyg.oxfordjournals.org/content/52/6/429.full.pdf)

Fachartikel Expositionsfaktoren technischer Schutzmaßnahmen B. van Duuren-Stuurman et al.: Stoffenmanager Nano Version 1.0: A Web-Based Tool for Risk Prioritization of Airborne Manufactured Nano Objects, in: Ann. Occup. Hyg., 56, 5, 2012, S. 525–541 (http://annhyg.oxfordjournals.org/content/56/5/525.full.pdf)

Fachartikel Förderung der Substitution L. Lißner, J. Lohse: Braucht Substitution mehr Staat oder mehr Markt? Vorschläge zur optimalen Förderung von Substitution im besonderen Hinblick auf REACH, in: Z Umweltchem Ökotox, 18 (3), 2006, S. 193–200 (http://www.kooperationsstelle-hh.de/images/publikationen/lissner_lohse/page-layout.pdf)

Fachartikel Gefahrstoffe in KMU R. Rühl et al.: Umgang mit Gefahrstoffen in KMU – Konsequenzen ziehen, in: Sicherheitsingenieur 11/2013, S. 26–30

Fachartikel Gesundheitsgefährdungen G. Altnau: Warum Gesundheits- und Umweltgefährdungen akzeptieren?, in: GIT Sicherheit + Management 8/2001, S. 59–62

Fachartikel Lösemittelgehalt R. Rühl und K. Kersting: Lösemittel in Parkettklebstoffen sind überflüssig – Parkettleger, IG BAU, Hersteller und Arbeitsschützer sind sich einig, in: BauPortal 8/2011, S. 28–30 (www.baumaschine.de: Startseite → Fachzeitschriften → Technik+-Sicherheit+Einsatz → BauPortal (vorm. TIEFBAU) → 123 (2011) → Heft 8)

Fachartikel MAK-Wert MAK-Wert allein reicht nicht – Risikopotenziale von Lösemitteln umfassend bewerten, in: CHEMIE TECHNIK 5/2001, S. 60–62 (http://www.pharma-food.de/ai/resources/2ee21ed3463.pdf)

Fachartikel OPI M. Debia, D. Bégin, M. Gérin: Comparative Evaluation of Overexposure Potential Indices used in Solvent Substitution, in: Ann. Occup. Hyg., 53, 4, 2009, S. 391–401 (http://annhyg.oxfordjournals.org/content/53/4/391.full.pdf**)**

Fachartikel Stoffzulassung nach REACH R. Pürgy et al.: Stoffzulassung nach REACH – erste Erfahrungen aus Österreich, in: Gefahrstoffe – Reinhaltung der Luft 1-2/2014, S. 7–13

Fachartikel Substitutionsprüfung C. Carl: Substitutionsprüfung bei Tätigkeiten mit Gefahrstoffen – Pflicht, Aufwand und Nutzen, in: Sicherheitsingenieur 9/2013, S. 34–39

Fachartikel Substitutionsprüfung inkl. Verwendungszweck M. F. Barnhusen: Substitutionsprüfung nach Gefahrstoffverordnung – einige Hinweise zur Durchführung, 3/2013 (http://www.brd.nrw.de/lerntreffs/chemie/pages/gefahrstoff/downloads/substitutionspruefung.pdf)

Fachartikel Tri – raus aus dem Asphaltlabor B. Hinrichs: Tri – raus aus dem Asphaltlabor, in: BauPortal 9/2013, S. 24 (http://www.baumaschine.de/ → Fachzeitschriften → BauPortal → 125 (2013) → Heft 9)

Fachartikel Werkzeuge zur Gefährdungsermittlung G. Walendzik, U. Schlüter: Vergleich von Werkzeugen zur Gefährdungsermittlung bei Tätigkeiten mit Gefahrstoffen, in: Gefahrstoffe – Reinhaltung der Luft 11-12/2011, S. 489–493

8. Anhänge

Fachartikel Zulassungsverfahren nach REACH A. Kleineweischede: Das Zulassungsverfahren nach der REACH-Verordnung – der lange Weg zur Substitution von besonders besorgniserregenden Stoffen – Teil 2, in: BPUVZ 11/2012, S. 526–532

GESTIS-Stoffdatenbank Gefahrstoffinformationssystem der Deutschen Gesetzlichen Unfallversicherung (www.dguv.de/dguv/ifa → Gefahrstoffdatenbanken)

Glossar GefStoffV Begriffsglossar zu den Regelwerken der Betriebsicherheitsverordnung, der Biostoffverordnung und der Gefahrstoffverordnung, (www.baua/de → Themen von A-Z → Gefahrstoffe → Technische Regeln für Gefahrstoffe (TRGS) → Begriffsglossar)

GZFA – Gesellschaft für Zahngesundheit, Funktion und Ästhetik (www.gzfa.de → Service und Beratung → Patienteninformation → Sprechstunden → Karies)

IFA-GHS Das GHS-Spaltenmodell 2014 – Eine Hilfestellung zur Substitutionsprüfung nach Gefahrstoffverordnung" (www.dguv.de/ifa → Praxishilfen → GHS-Spaltenmodell zur Suche nach Ersatzstoffen)

LASI LV 24 LASI-Veröffentlichung: Handlungsanleitung für die Gefährdungsbeurteilung nach der Gefahrstoffverordnung, LV 24, Ausgabe 2009 (http://lasi.osha.de → Publikationen → LASI-Veröffentlichungen)

Liste Desinfektionsmittel und -verfahren Liste der vom Robert Koch-Institut geprüften und anerkannten Desinfektionsmittel und -verfahren, in: Bundesgesundheitsblatt – Gesundheitsforschung – Gesundheitsschutz 56/2013, S. 1706–1728 (http://www.rki.de/DE/Content/Infekt/Krankenhaushygiene/Desinfektionsmittel/Desinfektionsmittelliste.pdf?__blob=publicationFile)

REACH-CLP-Biozid-Helpdesk nationale Auskunftsstelle für Hersteller, Importeure und Anwender von chemischen Stoffen und Biozidprodukten (www.reach-clp-biozid-helpdesk.de)

Staub Regeln Internetseite „10 goldene Regeln zur Staubbekämpfung" (http://www.dguv.de/staub-info/index.jsp → 10 goldene Regeln)

SUBSPORT Internetportal, Startseite: http://www.subsport.eu/?lang=de

SUBSPORT-Leitlinien – Leitlinien zur Substitution gefährlicher Chemikalien (http://www.subsport.eu/?lang=de → Über das Portal → SUBSPORT Projekt → Broschüre)

8. Anhänge

Stichwortverzeichnis

A
Abfüllen 29
Absaugeinrichtung, Wirksamkeit 136
Absaugung
– einfach 29, 134
– flexibel 104
– hochwirksam 29, 134, 137, 138
– integriert 29, 103, 104, 134, 136, 137, 138
– lokal 81
– örtlich 137
– sonstige 136, 137, 138
– wirksam 29, 134, 136, 137, 138
Aerosol 118, 128, 143, 144
– Bildung 143, 144
– Definition 143
Akzeptanzkonzentration 98
Ampelmodell 98
analytischer Standard 71, 85
Anwendungstemperatur 84, 85, 116
– Abstand zum Flammpunkt 152
– ausreichend sicher über Flammpunkt 114
– Berechnung der Freisetzungsgruppe 141
– Erhöhung 140
– maximale 114
– über Raumtemperatur 140
Arbeitsplatzgrenzwert → Grenzwert
Arzneimittel 80
A-Staub → Staub, alveolengängig
Atemschutz 76, 77, 79, 103, 104, 165
atemwegssensibilisierend 111
Atmosphäre, explosionsfähig 113, 114, 116, 145, 152
Aufwand 18, 22, 74, 76, 140, 160, 177
augenschädigend 25, 67, 110
Ausgangsstoff 41, 65, 71, 83, 148

B
Bauart
– geschlossen 134, 137, 138
– halboffen 137, 138
– offen 134, 137, 138
Befähigungsschein 160
Belüftung, ausreichend 116
Beschäftigungsverbot 94
besonders besorgniserregende Stoffe 16, 17, 20, 22

Betriebsanweisung 77
bioakkumulierbar 16, 17
Brand- und Explosionsgefahr 27, 30, 112, 113, 163, 165
butanonoximfrei 166

C
chemische Reaktion 148
chemische Synthese 71
CMR 17, 20, 93, 95
CMR(E) 93, 94
CMR(F) 93, 94, 95, 96, 97
CMR-Kategorie 91, 95

D
Dampfdruck 117, 118, 121
– hoch 108
– Höhe 140
– höherer 118
– niedrig 108, 118, 120
– Spaltenmodell 29, 174
– Vergleich 122
– vernachlässigbar 119
Datenlage 167, 168
Desinfektion 157
– Flächendesinfektion 144
– Mittel 144, 157
– Sprühdesinfektion 143
– Sprühverfahren 144
– Verfahren 157
– Wischverfahren 144
Dokumentation 63, 64, 66, 69, 71
– Beispiel 65

E
Einatmen → Exposition, inhalativ
Einhausung 137
– für Wägevorgänge 72
Einsatzstoff 71, 83, 85, 148
Einstufungsgrenze 47
Eliminierung 14
emissionsarme Ersatzverfahren 81
Emissionsfaktor 130, 131
– Reduzierung 131
Emissionswert 163
Endpunkt 40, 41, 55
entaromatisiert 166

189

8. Anhänge

entwicklungsschädigend 93 → auch fruchtschädigend
erbgutverändernd 17, 39, 48, 51, 53, 64, 67, 75, 90, 91, 95, 157
Erfassungsbereich 137
Ersatzverfahren 59, 153, 162, 163
– Labor 156
E-Staub → Staub, einatembar
Explosionsgefahr 131 → Brand- und Explosionsgefahr
Exposition 24
– Dauer 90
– dermal 30, 40, 51, 120
– einmalig 25, 89, 111
– Faktor 138, 139
– inhalativ 67, 90, 120, 129, 140
– je nach Risikobereich 99
– Minimierung 80
– Möglichkeit 134, 153
– niedrig 88, 90
– oberhalb Toleranzkonzentration 98
– oral 120
– Potenzial 135
– Staub 127
– unterhalb Akzeptanzkonzentration 98
– Vermeidung 72
– Weg 120
– wiederholt 26, 39, 111
– zwischen Akzeptanz- und Toleranzkonzentration 98

F
fehlende Angaben 40, 41, 54, 55
Feinstaub → Staub, alveolengängig
Feinstaubanteil 132
Feststoff
– emissionsarm 129
– nicht staubend 29, 108, 127, 128
– staubend 108, 118, 128, 130
Flammpunkt
– Abstand zur Anwendungstemperatur 152
– ausreichend sicher über Anwendungstemperatur 114
– Bestimmung 114
– geringe Gefahr 89
– Höhe 117
– hoher 113
– Lösemittel 116
– Messmethode 114

– Spaltenmodell 28, 112
– Unterschied zu UEP 113
– Wert im Sicherheitsdatenblatt 113
– Zusammenhang mit Anwendungstemperatur 114
– Zusammenhang mit UEP 112
Flüssigkeit, halogeniert 114
Forschungsbereich 85
Forschungslaboratorien 69
fortpflanzungsgefährdend 17, 92, 95
Freisetzungsgefahr 120, 143
Freisetzungsgruppe
– Berechnung 141, 142
– Feststoffe 128
– Flüssigkeiten 141, 174
– mittel 142, 174
– Siedepunkt 141
Freisetzungspotenzial, Reduzierung 145
Freisetzungsverhalten 23, 29, 30, 35, 118, 120, 143, 174
– Abhängigkeit vom Dampfdruck 117
– Feststoffe 128
– geringeres 155
– Reduzierung 107, 155
– Spaltenmodell – Dampfdruck 140
fruchtbarkeitsgefährdend 64, 67, 91, 92
fruchtschädigend 92, 94, 167, 168
Funktion 71, 72, 83, 84

G
Gefahr
– innewohnend 24
– wirksam werden 24
Gefährdung
– Begrifflichkeit 24
– gering 88, 89, 90, 91, 98
– geringere 14, 152, 155, 160
– hohe 75, 97
– inhalativ 124
– Minimierung 118
– Reduzierung 24, 107, 109, 144
– relevant 24
– Staubungsverhalten 128
– Vergleich der inhalativen 121, 122
Gefährdungspotenzial 133
Gefährdungszahl 121, 122, 124, 125, 126, 155
– Diagramm 125
– Größenordnung 125

8. Anhänge

- hoch 123
- niedrig 123
- Temperaturabhängigkeit 124
- Unterschied bei Substitution 126

Gefahrenpiktogramm → Piktogramm

Gefahrenstufe
- bei fehlenden Daten 39
- Erhöhung 33, 150, 152
- Flammpunkthöhe 112
- Gase 143
- hoch 110
- mehrere Wirkfaktoren 47
- mittel 110
- qualitativ 48
- Reduzierung 14, 33, 41, 150, 151
- sehr hoch 82, 133, 159
- sehr hoher Wirkfaktor 51
- unverändert 33
- vernachlässigbar 118, 119, 127

Gefährlichkeitsmerkmal 67, 88, 92

Gefahrstoffverordnung 15

Gefahrstoffverzeichnis
- Aktualisierung 64
- Dokumentation 65, 71
- Dokumentationsbeispiel 69
- erweitert/ergänzt 63
- Mindestangaben 65

Gemisch, explosionsfähig 36, 113, 114, 116, 145, 152

geschlossenes System 21, 37, 76, 77, 100, 103, 133, 135, 138, 139, 140

Gesundheitsgefahr
- akut 23, 25, 30, 39, 40, 44, 48, 89
- chronisch 23, 26, 30, 39, 44, 48, 89
- fehlende Daten 38
- fruchtschädigend 167
- geringere 144, 148
- Gewichtung im Wirkfaktoren-Modell 48
- größtes Gewicht 36
- hoch 168
- Reduzierung 149, 155, 170
- sehr hoch 159
- Vergleich 31
- Wirkfaktoren-Modell 43

GISCODE 162

GISCODE-Gruppen 166

Glovebox 21, 72, 138, 139

Granulat 90, 128, 129, 131

Grenzwert 55
- Ableitung 87
- Absenkung 86, 87
- biologisch 67
- Einhaltung 21, 86, 138, 166
- rechtsverbindlich 43, 162
- Überschreitung 67, 79, 125, 165
- Vergleich 122

Grundprüfung → Endpunkt

H

Hautkontakt → Exposition, dermal

Hautreizung 39, 40, 55

Hautresorption 43

hautsensibilisierend 39, 40, 55

Hilfsstoff 83

Holzinhaltsstoff 165

I

Informationspflichten, Sicherheitsdatenblatt 20, 22

Inhaltsstoff 38, 47, 48, 53, 54, 55, 81, 82, 91, 157, 159

isocyanathaltig 166

K

Kandidatenliste 19, 20

Kosten 22, 75, 76

Kosteneinsparpotenzial 76

krebserzeugend 17, 47, 48, 51, 53, 64, 67, 75, 76, 77, 90, 91, 95, 98, 99, 157, 169

L

Laborabzug 72, 139

Leitkriterien 107
- Gesamtbetrachtung 118
- gesundheitsbasiert 109
- physikalisch-chemisch 109

Lösemittel 71, 83, 148
- Alternative für TRI 149
- Definition 83
- Flammpunkt 116
- Gefahren 145
- Gemisch 114, 116
- geringe Gehalte 163
- leicht flüchtig 39
- nicht krebserzeugend 150
- weniger gefährlich 122

lösemittelarm 162, 164, 166

lösemittelfrei 162, 163, 164, 166

8. Anhänge

lösemittelhaltig 108, 162, 164, 166
Lösung, wässrig 113, 145
Luftgrenzwert → Grenzwert
Luftkonzentration, Reduzierung 79

M
Maßnahme → Schutzmaßnahme
Materialien
– staubarm 76
– staubförmig 129
Medikament 80
Menge
– Auswahlkriterium 63
– Bereich 65
– haushaltsüblich 90
– höhere 63, 72, 108
– klein 19, 62, 71, 88, 89, 90, 108, 142
– Labor 62
– Produktion 62
Mengengrenze 19
Messverfahren 130
Metallkorrosion 110
Mutagenität 39, 40

N
Nebel 143
nicht sublimierend 108
N-Methylpyrrolidonfrei 166

O
Oberflächenbehandlungsmittel, stark lösemittelhaltig 164

P
PBT-Stoffe 16, 17
Pellets 90, 128, 129
persistent 16, 17
Pharmawirkstoff 80
Piktogramm
– Ätzwirkung 110
– Beurteilung der Gefahrenhöhe 112
– Gesundheitsgefahr 111
– Totenkopf 51
Plausibilitätsprüfung 39
POTS-Rangfolge → Rangfolge, POTS
Probenahme 29, 76, 77
Produktentwicklung 62
Punktabsaugung → Quellenabsaugung

Q
Quellenabsaugung 76, 77, 103, 126, 137, 139, 140

R
Rangfolge
– POTS 78, 79
– STOP 15, 78, 79, 101
– TOP 101
Rauch 143
Raumtemperatur 114, 116, 140
REACH-Verordnung 15
reproduktionstoxisch 92, 93, 168
Risiko
– hoch 99
– mittel 99
– niedrig 99
Risikobereich nach TRGS 910 99

S
Sättigungskonzentration 122
Schleimhautreizung 39, 40, 55
Schutzausrüstung
– persönlich 76, 77, 79, 101, 102
Schutzmaßnahme
– ausreichend 73, 161
– besondere 67, 93
– Explosion 116, 117
– falsch 126
– für fruchtschädigende Gefahrstoffe 94
– geeignet 101
– individuell 101, 103
– kollektiv 101, 103
– kostenaufwendig 76
– nach § 9 GefStoffV 80, 96
– nach § 10 GefStoffV 80, 94, 96
– nicht ausreichend 161
– organisatorisch 14, 77, 101, 102, 104
– personenbezogen 102, 103, 104
– Rangfolge 15, 100, 101
– Reduzierung 76, 79
– technisch 14, 76, 77, 100, 101, 102, 104, 138, 140
– vorrangig 15, 17
– weniger aufwendig 140
– willensabhängig 103
– willensunabhängig 104
– wirksam 73, 102

8. Anhänge

– Wirksamkeit 161
– Wirksamkeitskontrolle 162
– zusätzlich 67
Schwangere 94
sensibilisierend 157
Sensibilisierung 43
Sicherheitsdatenblatt 38, 41, 43, 47, 48, 53, 65, 113, 129, 141, 162
Siedepunkt 141
– hoch 108
– niedrig 108
Spaltenmodell 23
– Grenze der Anwendung 173
Standardsätze 63, 64, 65, 97
Stand der Technik 60, 100, 101, 150, 160, 165
stark lösemittelhaltig 59, 162, 164
Staub
– alveolengängig 129
– einatembar 129
– explosionsfähig 28
– Explosionsgefahr 132
– grob 132
– inert 132
– Korngröße 131
– Massenanteil 130
– Reduzierung der Konzentration 79
Staubfraktion 129
Staubklasse 130
Staubungsverhalten 127, 128, 129, 130, 132
Staubungszahl 129
Staubwolke 128
STOP-Rangfolge → Rangfolge, STOP
sublimierend 108
Substitution
– Definition 13, 14
– technisch möglich 67, 79, 84, 96, 97, 98, 99, 100
– Typen 13
Substitutionsmöglichkeit 15, 29, 61, 64, 68, 74, 76, 84, 96, 107, 118, 128, 160, 164
Substitutionspflicht 15, 97, 98, 100
Substitutionsprüfung 17, 19, 20, 23, 24, 36, 37, 41, 53, 61, 62, 63, 64, 65, 71, 72, 73, 74, 76, 85, 88, 95, 99, 100, 101, 110, 118, 127, 133, 147, 152, 160, 161, 168, 172, 175, 177
Substitutionsverzicht 64, 69, 71, 79, 96, 97, 100, 148, 161

Summengrenzwert, Einhaltung 166
SVHC 16, 17
SVHC-Roadmap 20

T
Tätigkeit
– Dauer 71, 72
– mit CMR(F)- Gefahrstoffen 95
– mit geringer Gefährdung 89, 90, 91
– mit krebserzeugendem Stoff 76
– öfters wiederholend 72
– Routine 71, 72, 85
– ständig wechselnd 71, 85
technisch geeignet 84, 172, 178
technisch nicht geeignet 64, 148
Toleranzkonzentration 98
toxisch 16, 17
Toxizität, akut 39, 40, 47, 55, 107
TRGS 600 23

U
Übungsaufgabe 29, 42, 85, 104, 109, 117, 132, 145
UEP → unterer Explosionspunkt
Umweltgefahr 27, 30, 89, 155
– Erhöhung 155, 170
unterer Explosionspunkt 112
– Abschätzung bei Gemisch 114
– Abschätzung bei reiner Flüssigkeit 114
– Zusammenhang mit Anwendungstemperatur 114
Unterweisung 77, 104

V
Verarbeitung
– geschlossen 134
– offen 134
Verarbeitungstemperatur → Anwendungstemperatur
Verfahren
– aerosolbildend 143
– aerosolfrei 108
– bei hoher Temperatur 108
– bei Raumtemperatur 108
– Dampfdesinfektion 157
– Desinfektion 157
– drucklos 108, 142
– geschlossen 108, 134
– HPLC 156
– im Labor 152

8. Anhänge

- lösemittelhaltig 145
- maschinell 144
- mit Benetzung großer Flächen 108
- mit Benetzung kleiner Flächen 108
- mit kontinuierlichem Fall 130
- offen 108, 134
- ohne Einsatz von Klebern 163
- photometrisch 156
- Raumdesinfektion 161
- Spaltenmodell 29
- Sterilisation 160
- Substitution 23, 163
- thermisch 157
- unter Druck 108, 142
- wässrig 145
- weniger gefährlich 133
Verfahrensänderung 144
Verfahrensindex 29, 134, 135
- Reduzierung 136
Verhältnismäßigkeit 99
Verschlucken → Exposition, oral
Verwendungsbeschränkung 59, 160
Verwendungsform, emissionsarm 90, 136
Verwendungsmöglichkeit 19
Verwendungszweck 66, 71, 72, 84, 147, 148
Vorstriche und Klebstoffe
- lösemittelfrei 162, 163
- stark lösemittelhaltig 162
vPvB-Stoffe 16, 17

W
wässrig 108, 114
Wirkfaktor 43, 48
- Reduzierung 45
- sehr hoch 47
Wirkfaktoren-Modell 43
Wirkstoffe, staubend 127
Wirkung
- akut 44, 51
- chronisch 44, 51
Wirkungsstärke 36

Z
Zahnpasta 82
Zeitaufwand 18
Zulassung 15, 17, 18, 21, 22
- andere Tätigkeit 19
- Antrag 17
- Aufwand 22
- Behörde 18
- Dossier 18
- Entscheidung 19
- Gebühren 18
- Kosten 18, 21
- Mengengrenze 19, 21
- Verfahren 19
- Verwendungsbedingungen 19, 21
- Zeitaufwand 21
- zeitlich befristet 19
Zumutbarkeit 99
Zündquelle 35